칼 세이건이 들려주는 **태양계** 이야기

칼 세이건이 들려주는 태양계 이야기

ⓒ 정완상, 2010

초　판　1쇄 발행일 | 2005년 9월 30일
개정판　1쇄 발행일 | 2010년 9월 1일
개정판 17쇄 발행일 | 2021년 5월 31일

지은이 | 정완상
펴낸이 | 정은영
펴낸곳 | (주)자음과모음

출판등록 | 2001년 11월 28일 제2001-000259호
주　　　소 | 04047 서울시 마포구 양화로6길 49
전　　　화 | 편집부 (02)324-2347, 경영지원부 (02)325-6047
팩　　　스 | 편집부 (02)324-2348, 경영지원부 (02)2648-1311
e-mail　 | jamoteen@jamobook.com

ISBN 978-89-544-2054-9 (44400)

난 태양계에 살고 싶다!!

칼 세이건이 들려주는

태양계 이야기

| 정완상 지음 |

|주|자음과모음

칼 세이건을 꿈꾸는 청소년을 위한 '태양계' 이야기

칼 세이건은 어린이들 사이에서도 아주 유명한 과학자입니다. 그는 우주에 관한 많은 책을 썼으며 어떤 책은 영화로 제작되기도 했습니다. 이 책은 조금 과장되게 말하면 태양계에 대한 모든 것을 담았다고 할 수 있습니다.

8개 행성의 재미난 성질들과 소행성, 그리고 혜성의 구조에 대해 칼 세이건의 수업을 듣는 동안 여러분의 눈과 귀와 가슴은 우주를 보고, 우주의 소리를 듣고, 우주의 마음을 가슴에 품는 소중한 시간들을 가질 수 있을 것입니다. 여러분 가운데 미래의 천문학자를 꿈꾸는 청소년이 있다면 더더욱 특별한 여행이 될 것임을 자신합니다.

이 책에서는 천문학자 칼 세이건이 여러분을 수업 시간에 초대합니다. 여러분이 자리에 앉으면 그때부터 태양계를 이루는 각 행성들과 관련된 과학 이론과 그 원리를 일상 속 실험을 통해 하나하나 들려줄 것입니다.

　칼 세이건의 수업을 듣는 동안 여러분은 직접 태양계를 여행하는 것과 같은 생생한 느낌을 받을 수 있을 것입니다.

　마지막으로 이 책의 원고를 교정해 주고, 부록 동화에 대해 함께 토론하며 좋은 책이 될 수 있게 도와준 편집부 여러분께 고맙다는 말을 전하고 싶습니다. 그리고 이 책이 나올 수 있도록 물심양면으로 도와주신 (주)자음과모음 강병철 사장님께도 감사를 드립니다.

정 완 상

차례

1

태양계 이야기

태양 주위를 도는 행성들은 어떤 특징을 가지고 있을까요?
태양계를 구성하는 천체들에 대해 알아봅시다.

1

첫 번째 수업
태양계 이야기

칼 세이건은 태양계를 소개하며
첫 번째 수업을 시작했다.

오늘부터 태양계의 여러 행성들에 대해 얘기할 거예요.

태양은 태양계의 중심이죠. 그리고 8개의 행성이 그 주위

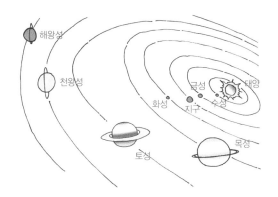

를 돌고 있지요. 8개의 행성은 태양의 만유인력 때문에 태양계 밖으로 도망치지 못하고 붙잡혀 그 주위를 빙글빙글 돌고 있습니다.

하지만, 태양계에는 행성들만 있는 것이 아니랍니다. 태양계의 무법자인 혜성이 태양계 밖에서 만들어져 태양계 사이를 돌아다닙니다. 그래서 어떤 혜성들은 행성들과 충돌하기도 합니다.

태양계의 또 다른 주인공으로 소행성이 있습니다. 소행성은 행성이라고 부르기에는 너무 작은 바위 조각들이지요. 소행성은 주로 화성과 목성 사이에 몰려 있고 이런 것들이 다른 행성들과 충돌하여 운석 구덩이를 만들기도 합니다.

과학자의 비밀노트

명왕성

1930년에 발견되어 태양계의 9번째 행성으로 정의되었다가 2006년 8월 국제천문연맹(IAU)에서 행성의 분류법을 바꾸면서 왜소행성(dwarf planet)으로 분류된 천체이다. 명왕성은 처음에 저승 세계의 지배자(Hades)의 이름을 따서 플루토(Pluto)라 명명하였다. 하지만 왜소행성으로 분류된 이후로 소행성 목록에 포함되어 134340이라는 번호를 부여받아 공식 명칭은 134340 플루토이다.

내행성과 외행성

태양계의 8개 행성 중에는 지구보다 안쪽에 있는 것도 있고 바깥쪽에 있는 것도 있습니다. 지구의 안쪽에서 태양 주

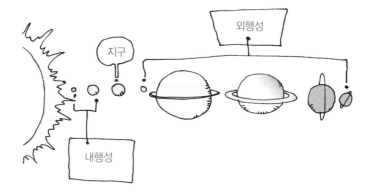

위를 도는 행성을 내행성, 바깥쪽에서 태양 주위를 도는 행성을 외행성이라고 부릅니다.

내행성은 지구에서 보면 달처럼 모양이 변합니다. 즉, 초승달처럼 보일 때도 있고 반달처럼 보일 때도 있지요.

그렇다면 수성이나 금성의 모양은 왜 변할까요? 그것은 지구보다 안쪽에서 태양의 주위를 돌기 때문입니다.

칼 세이건은 암실 한가운데 전구를 켜 놓고 태희에게 흰 공을 들고 전구 주위를 돌게 했다. 전구와 공이 이루는 각이 작을 때는 공이 초승달처럼 보였다.

이처럼 태양과 지구와 내행성이 이루는 각이 작을 때는 내행성들이 초승달처럼 보이지요.

칼 세이건은 태희에게 아이들로부터 좀 더 멀어지게 했다. 아이들 눈에 공이 반달처럼 보였다.

이처럼 태양과 지구와 내행성이 이루는 각이 클 때는 내행 성들이 반달처럼 보이지요. 금성의 최대 이각은 약 48°입니

다. 최대 이각이란 지구에서 볼 때 내행성과 태양 사이의 각의 크기가 최댓값에 이른 상태를 말합니다.

반면 수성의 최대 이각은 약 28°이지요. 수성은 금성보다 멀기도 하고 최대 이각도 작아 금성보다 관측하기가 어렵답니다.

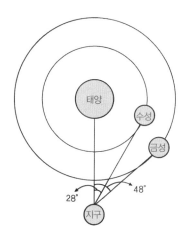

지구형 행성과 목성형 행성

행성을 크기에 따라 분류할 수도 있습니다.

수성, 금성, 지구, 화성처럼 크기가 작고 단단한 행성을 지구형 행성이라고 부릅니다. 지구형 행성은 산소와 규소의 화합물로 이루어져 있어 밀도가 크지요.

이에 반해 목성, 토성, 천왕성, 해왕성은 지구보다 훨씬 큽니다. 이런 행성을 목성형 행성이라고 부릅니다. 목성형 행성은 주로 수소나 헬륨 같은 기체로 되어 있어 밀도가 작지요.

따라서 지구형 행성은 표면이 고체로 되어 있어 사람이 걸어 다닐 수 있지만, 목성형 행성은 표면이 기체 상태로 되어 있어 사람들이 걸어 다닐 수 없답니다.

태양에서 행성까지의 거리

태양에서 각각의 행성까지의 거리는 얼마나 될까요? 거리를 알기 위해서는 우선 천문 단위(AU)에 대해 알 필요가 있습니다. 1AU는 지구에서 태양까지의 거리인 1억 5,000만 km를 나타냅니다.

이제 AU 단위로 태양에서 각 행성까지의 거리를 알아봅시다. 이들 거리 사이에는 재미있는 규칙이 있답니다.

칼 세이건은 다음 숫자들을 썼다.

0, 3, 6, 12, 24, □, □, □

□ 안에 들어갈 숫자를 쉽게 찾을 수 있겠죠? 맨 처음 나온 숫자인 0을 제외하고 앞의 숫자에 2를 곱하면 됩니다. 그렇게 하면 다음과 같죠.

0, 3, 6, 12, 24, 48, 96, 192

각각의 숫자에 4를 더해 봅시다.

4, 7, 10, 16, 28, 52, 100, 196

각각의 숫자를 10으로 나눠 봅시다.

0.4, 0.7, 1, 1.6, 2.8, 5.2, 10, 19.6

바로 이것이 태양으로부터 각 행성까지의 거리를 AU로 나타낸 것입니다. 다시 말하면 다음과 같지요.

수성까지의 거리 = 0.4

금성까지의 거리 = 0.7

지구까지의 거리 = 1.0

화성까지의 거리 = 1.6

소행성대까지의 거리 = 2.8

목성까지의 거리 = 5.2

토성까지의 거리 = 10.0

천왕성까지의 거리 = 19.6

이처럼 태양에서 각 행성까지의 거리는 일정한 규칙을 가지고 있답니다. 이것을 우리는 보데의 법칙이라고 부른답니다.

그러나 잘 살펴보면 알겠지만 이 공식에서는 해왕성이 빠져 있습니다. 그 이유는 해왕성까지의 거리는 보데의 법칙을 만족하지 않아 이 법칙으로 설명할 수가 없기 때문입니다.

　이 밖에 소행성대는 화성과 목성 사이에 위치하고 있습니다. 원래 행성이 되려다가 목성의 인력 때문에 수천 개의 조각으로 나뉜 소행성들이 모여 있는 곳이지요.

아, 우주선을 타고 저 행성 사이를 여행하면 얼마나 좋을까?

내가 도와줄까요? 함께 태양계 여행을 떠나요.

그게 정말이에요? 야호!! 세이건 선생님, 당장 출발해요.

우선 태양계의 모습부터 알아보죠. 태양계의 중심엔 태양이 있고 8개의 행성이 그 주위를 돌고 있지요. 또 무법자인 혜성이 태양계 사이를 돌아다니기도 해요.

그럼 구체적으로 상상의 나래를 펴 봐요. 지구의 안쪽에서 태양 주위를 도는 내행성, 바깥쪽에서 도는 외행성이 있어요. 그런데 내행성인 수성과 금성은 지구에서 보면 달처럼 모양이 변합니다. 왜 그럴까요?

상상 여행이었어요? 근데 왜 달처럼 모양이 변하죠?

내행성

외행성

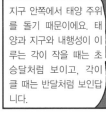

지구 안쪽에서 태양 주위를 돌기 때문이에요. 태양과 지구와 내행성이 이루는 각이 작을 때는 초승달처럼 보이고, 각이 클 때는 반달처럼 보인답니다.

태양

수성

금성

28°

48°

지구

윽, 제 머리로는 상상하기 조금 어려운 여행이네요.

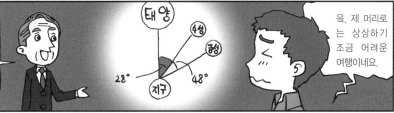

반면에 외행성은 모양이 거의 변하지 않습니다. 이유는 당연히 내행성과 반대겠지요? 또 행성을 분류하면 크기가 작은 행성을 지구형 행성, 크기가 큰 행성을 목성형 행성이라고 부른답니다.

후유~.

지구형 행성 : 수성, 금성, 지구, 화성
목성형 행성 : 목성, 토성, 천왕성, 해왕성

또한 지구형 행성은 산소와 규소의 화합물로 이루어져 있어 밀도가 크고, 목성형 행성은 수소나 헬륨 같은 기체로 되어 있어 밀도가 작아요.

선생님, 이러고 도망가시기예요?

수성 이야기

수성과 달은 어떤 점이 비슷할까요?
태양에서 가장 가까운 행성, 수성에 대해 알아봅시다.

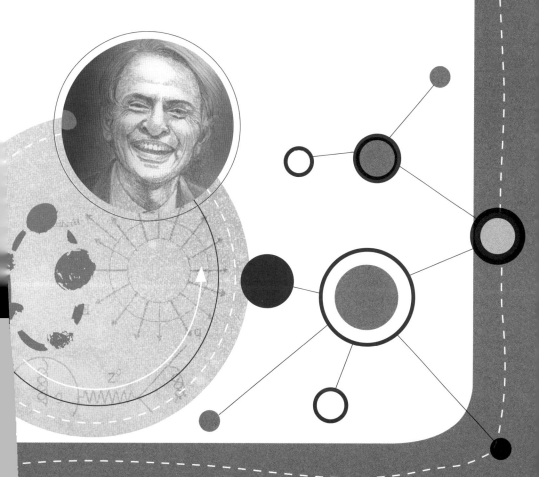

2

두 번째 수업

수성 이야기

칼 세이건은
수성의 신상 정보를 나열하며
두 번째 수업을 시작했다.

오늘은 수성에 대해 이야기해 봅시다. 수성은 태양에서 가장
가까운 행성입니다. 수성에 대한 신상 정보는 다음과 같아요.

지름: 지구의 0.38배

질량: 지구의 0.055배

중력: 지구에서의 1kg은 수성에서 380g

위성의 수: 없음

1년: 약 88일

하루: 약 59일

수성에 대한 정보를 알고 나니 수성이 지구보다 중력이 작다는 걸 알겠지요? 그래서 수성에서는 사람들이 더 높은 곳까지 힘들이지 않고 뛰어오를 수 있답니다.

수성은 태양과 가까운 거리에 있기 때문에 펄펄 끓는 행성입니다. 낮에는 온도가 430℃까지 올라간답니다. 그러므로 수성을 돌아다니려면 특수한 방열복을 입어야 합니다. 하지만 밤에는 반대로 대기가 없어 −180℃까지 내려가지요.

수성은 대기가 거의 없어 산소통 없이는 숨을 쉴 수 없습니다. 따라서 대기의 압력도 거의 없습니다. 뿐만 아니라 태양으로부터 오는 강한 방사선도 막아 주지 못합니다. 그리고 수성으로 날아드는 운석도 막을 수 없어 달처럼 크레이터가 많답니다. 크레이터는 달 같은 위성이나 화성 같은 행성 표면에 있는 크고 작은 구멍입니다. 그래서 수성은 달처럼 마마 자국투성이 행성입니다.

수성의 표면은 울퉁불퉁하고 단단한 암석으로 뒤덮여 있어 달의 표면과 비슷합니다.

수성에는 칼로리스(매리너 10호에 의해 발견되었음)라는 아주 거대한 분지가 있습니다. 이 분지는 지름이 1,300km 정도이고 높이 2,000m가 넘는 산맥으로 둘러싸여 있습니다.

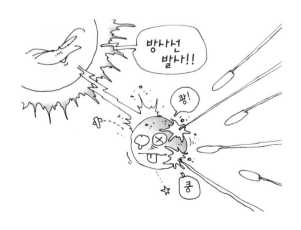

　지구에서 제일 더운 지역은 적도 지방입니다. 적도 지방은 태양이 수직으로 비추기 때문에 제일 덥습니다. 수성에서도 햇빛이 수직으로 비추는 지역이 있는데 그곳이 칼로리스입니다. 즉, 이곳은 수성에서 제일 뜨거운 곳입니다.

　이번에는 수성의 북극에 무엇이 있는지 알아봅시다. 수성의 북극은 강한 산성을 띠는 빙산이에요. 산성은 신맛을 내는 성질이 있답니다. 약한 산성을 내는 물질에는 식초가 있고, 강한 산성을 내는 물질에는 황산이나 염산이 있습니다.

　황산이나 염산은 몸에 닿으면 살이 녹아 버릴 정도로 꽹장히 위험한 물질입니다. 그렇기 때문에 실험실에서 이들 물질을 다룰 때는 매우 조심스럽게 취급한답니다. 그러니 이토록 위험한 물질로 이루어진 수성의 빙산에는 아예 올라가지 않는 것이 좋겠지요.

수성에서 보는 태양

지구에서는 태양이 동쪽에서 떠서 서쪽으로 집니다. 그리고 떠 있는 동안 태양은 같은 크기로 보입니다.

그렇다면 수성에서는 태양이 어떻게 보일까요? 수성은 태양 주위를 길쭉한 타원을 그리면서 돌고 있습니다.

칼 세이건은 태양을 도는 수성의 궤도를 보여 주었다.

정말 길쭉하군요. 그래서 수성은 태양에 아주 가까이 있을 때도 있고 아주 멀리 떨어져 있을 때도 있습니다. 수성이 태

양에 제일 가까울 때는 4,600만 km이고, 가장 멀리 있을 때는 7,000만 km가량 떨어져 있습니다.

수성의 신상 정보에서 보았듯이 수성의 1년은 수성의 하루의 1.5배 정도입니다. 지구의 경우는 1년이 하루의 365배이죠. 그러므로 지구에서는 하루 동안 지구가 태양 주위를 별로 움직이지 않지만, 수성은 하루 동안 태양의 주위를 많이 움직입니다. 이때 수성이 움직이면서 태양과의 거리가 가까워지기도 하고 멀어지기도 하기 때문에 수성에서는 하루 종일 태양의 크기가 다르게 보입니다.

그럼 수성부터 소개할까요? 수성은 태양에서 가장 가까운 행성으로 지름은 지구의 0.38배, 질량은 0.055배, 중력은 0.38배이고, 1년은 약 88일, 하루는 59일이나 된답니다.

우아, 수성의 하루는 정말 길군요.

그래요. 또한 수성은 낮에는 온도가 430℃까지 올라가지만 밤에는 반대로 영하 180℃까지 내려가지요. 그래서 수성을 돌아다니려면 특수한 방열, 방한복이 있어야 할 거예요.

낮에는 430℃   밤에는 -180℃

덜덜…

활 활～

그런데 수성에서도 숨을 쉴 수 있나요?

대기가 거의 없어 산소통 없이는 숨을 쉴 수 없어요. 뿐만 아니라 태양으로부터 오는 강한 방사선도 막지 못하고, 날아드는 소행성도 막을 수가 없어 달처럼 크레이터가 많아요.

또 울퉁불퉁하고 단단한 암석으로 뒤덮여 있는 점은 달의 표면과 비슷합니다. 수성에는 칼로리스라는 거대한 분지가 있는데, 이곳은 햇빛이 수직으로 비추는 지역이어서 수성에서 제일 뜨거운 곳이랍니다.

우아, 생각만 해도 정말 뜨겁네요.

방사선

쿵.

쿵.

쿵.

아이쿠!!

칼로리스

딴…

또거~!!

수성의 북극은 강한 산성을 띠는 얼음산이에요. 따라서 산은 굉장히 위험한 물질이니 얼음산에는 아예 올라가지 않는 것이 좋겠지요.

상상 여행이니까 한 번 올라가 보고 싶기도 하네요.

또한 수성은 태양 주위를 길쭉한 타원을 그리며 돌기 때문에, 태양과 가까워지기도 하고 멀어지기도 합니다. 그래서 하루 종일 태양의 크기가 다르게 보인답니다.

지구와 많이 다르네요.

올라오면 녹아~!

접근금지

왜 그렇게 멀어졌어

금성 이야기

금성은 샛별이라고도 부릅니다.
태양계에서 가장 뜨거운 행성, 금성에 대해 알아봅시다.

3

세 번째 수업

금성 이야기

칼 세이건은 서쪽 하늘을 바라보며
세 번째 수업을 시작했다.

칼 세이건은 해가 질 무렵 서쪽 하늘을 바라보았다. 그러고는 서쪽 하늘에 별처럼 반짝이는 무언가를 손으로 가리켰다. 아이들은 모두 그가 가리키는 곳을 바라보았다.

저기 별처럼 반짝이는 행성이 바로 금성입니다.

또한 금성은 해가 뜨기 전 약 3시간 전쯤인 새벽에 반짝인다고 해서 샛별이라고 부르기도 합니다. 금성은 아주 맑은 날에는 쌍안경으로도 관측할 수 있답니다.

금성은 크기나 질량이 지구와 거의 비슷합니다. 그럼 금성의 신상 정보를 한번 살펴볼까요?

지름: 지구의 0.95배

질량: 지구의 0.81배

중력: 지구에서의 1kg은 금성에서 910g

위성의 수: 없음

1년: 약 225일

하루: 약 243일

금성은 지구와 반대 방향으로 자전을 합니다. 즉, 지구는 서에서 동으로 자전하고 대부분의 행성들도 이 방향으로 자전하지만, 금성과 천왕성은 동에서 서로 자전을 한답니다.

그래서 금성에서는 태양이 서쪽에서 떠서 동쪽으로 집니다.
지구와 다른 점이 정말 신기하죠?

금성도 지구처럼 대기가 있습니다. 지구의 대기는 대부분
질소와 산소로 이루어져 있지요. 하지만 금성의 대기는 주로
이산화탄소로 이루어져 있고 대기 압력도 높아서 지구에서
보다 우리를 훨씬 무겁게 누르게 됩니다.

금성의 하늘에는 노란 구름이 떠 있습니다. 지구의 구름은
수증기로 이루어져 있어 하얗게 보이지만, 금성의 구름은 진
한 황산으로 이루어져 있어 노란색으로 보이는 것입니다.

금성은 확 트인 평지입니다. 그리고 여기저기 동글동글하
고 납작한 돌들이 많습니다. 그것은 금성의 대기압이 높기
때문이지요.

수성과 금성 중 어디가 더 뜨거울까요?

수성이 금성보다 태양에 더 가깝습니다. 그러므로 수성이 금성보다 더 뜨거울 것으로 생각하기 쉽지만 금성의 낮이 수성의 낮보다 더 뜨겁습니다.

왜 그럴까요?

그것은 바로 금성의 두꺼운 대기 때문입니다. 이불을 덮으면 따뜻하죠? 그것은 열이 밖으로 나가는 걸 이불이 막아 주기 때문입니다. 마찬가지로 금성의 이산화탄소 대기는 열이 금성 밖으로 나가는 걸 막아 줍니다.

또한 이산화탄소는 열을 흡수하는 성질이 있습니다. 그래서 대기에 흡수된 태양의 열은 금성을 온실처럼 덥히는 것이죠. 금성은 적도에서의 표면 온도가 453℃에서 495℃에 이르는, 태양계에서 가장 더운 행성입니다.

다음은 수성 옆에 있는 금성입니다. 금성은 우리 눈에 가장 밝게 보이는 행성이에요. 새벽에 반짝인다고 해서 샛별이라고 부르기도 하죠.

반짝

아, 샛별이 금성이었구나. 이거 듣다보니 왠지 재미있는데요?

금성의 지름은 지구의 0.95배, 질량은 지구의 0.81배, 중력은 지구 중력의 0.91배이고, 1년은 약 225일인데 하루는 약 243일이나 되죠.

엥? 금성은 1년보다 하루가 더 기네요. 하하, 하루에 1살씩 나이를 먹다니…

난 하루에 한 살씩 먹어

금성

1년 = 225일
1일 = 약 243일

또 재미있는 점은 금성은 지구와 반대 방향으로 자전을 하므로 해가 서쪽에서 뜨고 동쪽으로 진다는 것이죠.

금성에 살면 정말 헷갈리겠어요.

동쪽

여기야 여기.. 서쪽

아침인데 해가 안 뜨네.

그런 걱정은 안 해도 돼요. 금성에서는 숨 쉬기가 어려워 살지 못하거든요. 물론 대기는 있지만 주로 이산화탄소로 이루어져 있고, 하늘에는 진한 황산 구름이 떠 있습니다.

구름이 노랗겠군요!

그럼 금성의 땅은 어떻게 생겼나요?

확 트인 평지이고, 여기저기 동글동글하고 납작한 돌들이 많지요. 놀라운 건 금성이 수성보다 태양에서 먼데도 수성보다 뜨겁다는 겁니다. 그건 금성의 대기압이 그만큼 높기 때문이지요.

수성

금성

내가 더 뜨거워.

대기압이 높으면 뜨거워지나요?

네. 금성의 이산화탄소 대기는 열이 밖으로 나가는 걸 막아 줍니다. 또한 열을 흡수하는 성질이 있어서, 적도 표면 온도가 453~495℃에 이르는 태양계의 가장 더운 행성이랍니다.

4

지구 이야기

지구는 다른 행성들과 어떤 점이 다른가요?
태양계 행성으로서의 지구에 대해 알아봅시다.

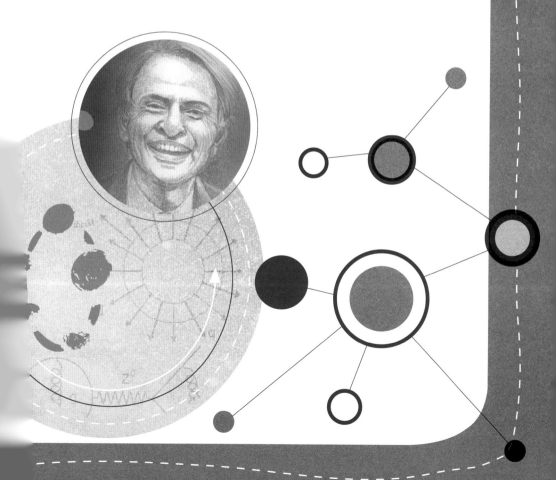

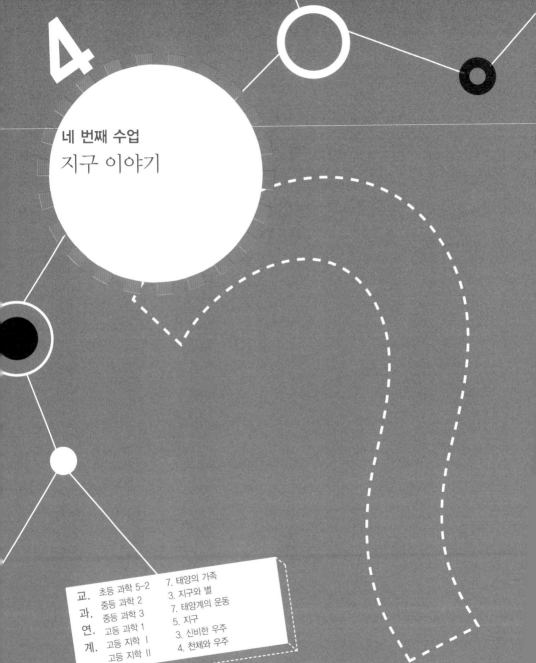

4

네 번째 수업

지구 이야기

칼 세이건의 네 번째 수업은
우리가 사는 지구에 대한 것이었다.

지구는 우리가 사는 행성입니다. 지구의 나이는 약 46억 살이고, 질량은 약 6×10^{24}kg이며, 반지름은 약 6,400km입니다. 이제 지구의 모든 것에 대해 알아볼까요?

옛날 사람들은 지구가 편평하다고 생각했습니다. 하지만 우주선에서 찍은 지구의 사진을 보면 알 수 있듯이 지구는 분명히 동그란 공 모양입니다. 지구의 가장 위쪽을 북극, 가장 남쪽을 남극이라고 부릅니다. 북극과 남극의 가운데에는 적도가 있습니다. 우리는 적도의 북쪽을 북반구, 남쪽을 남반구

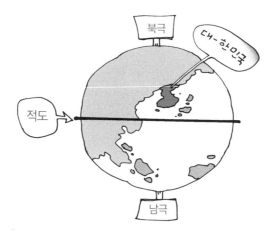

라고 부릅니다. 그렇다면 한국은 어디에 속할까요?

— 북반구요.

그래요. 한국은 북반구에 위치하고 있습니다.

지구는 거대한 공기로 둘러싸여 있습니다. 물론 공기는 눈에 보이지 않아요. 지구를 둘러싼 거대한 공기를 대기라고 부릅니다. 그리고 대기가 있는 지역을 대기권이라고 부르지요.

지구를 몸에 비유하면 대기는 지구를 따뜻하게 감싸는 옷과 같은 역할을 합니다. 지구를 둘러싸고 있는 대기의 두께는 약 1,000km입니다. 지구 반지름의 약 $\frac{1}{6}$ 정도이니까 지구는 아주 두꺼운 옷을 입고 있는 셈이지요.

대기권을 빠져나가면 우주가 나타납니다. 물론 그곳에는 공기가 없지요.

대기가 있어 축복받은 행성

지구는 대기가 있어 축복받은 행성입니다. 만일 지구에 대기가 없다면 끔찍한 일들이 벌어질 것입니다.

달에는 공기가 없다는 걸 모두들 알고 있죠? 그래요, 다시 말해 달에는 대기가 없습니다. 그런 까닭에 달은 소행성과의 충돌 사고가 잦습니다. 그래서 달은 곰보입니다. 지구도 아주 큰 행성이 다가오면 충돌을 피할 수 없겠지만 작은 소행성들은 지구의 대기로 들어오는 순간 모두 타 버립니다. 밤하늘에 반짝거리는 별똥별은 모두 대기로 들어오다가 타 버린

소행성들이랍니다.

우리는 더우면 에어컨을 켜고 추우면 히터를 켜서 항상 적당한 실내 온도를 유지합니다. 지구도 마찬가지랍니다. 지구에서 에어컨과 히터 역할을 하는 것이 바로 대기입니다. 달의 경우 낮에는 매우 뜨겁고 밤에는 엄청나게 춥지만, 지구의 경우 낮에는 적당히 덥고 밤에는 적당히 추워 사람이 살기 좋은 환경인 것도 대기 때문이지요.

하지만 지구의 대기에도 금성처럼 이산화탄소가 있습니다. 물론 금성에 비하면 아주 조금이지만요. 지구 대기의 이산화탄소는 자동차 배기가스나 공장에서 연료를 태울 때 많이 생긴답니다. 이렇게 이산화탄소가 많아지면 지구의 온도가 점점 올라가는데, 이런 현상을 온실 효과라고 부릅니다.

지구상의 식물들이 공기 중의 이산화탄소를 먹어 치우지만, 숲이나 초원이 점점 없어지면서 공기 중의 이산화탄소의 양은 점점 늘어나고 있습니다. 이것이 바로 지구 온난화의 주범입니다.

과학자의 비밀노트

지구 온난화

지구 온난화란 지구 표면의 평균 온도가 상승하는 현상이다. 기온의 큰 증가가 있어야만 영향을 끼친다고 생각할 수 있지만 불과 1℃만 상승해도 우리의 미래는 극명하게 달라질 것이다. 지구 온난화는 평균 기온뿐만 아니라 기후 체계를 완전히 바꾸어 놓기 때문에 가뭄과 홍수가 잇따르기도 한다. 또한 메마른 숲이 증가하면서 산불 발생 지역도 넓어지고 있는 것이 현실이다. 가장 큰 문제는 해수면이 상승하는 것으로, 기온 상승에 따라 빙하가 녹는 것이 주원인일 것이다. 이러한 해수면의 상승은 섬이나 해안가에 사는 사람뿐만 아니라 우리의 생활 방식을 송두리째 흔들어놓을 것이다.

우리는 공기로 숨을 쉽니다. 이 점은 다른 생물들도 마찬가지랍니다. 아마 달처럼 공기가 없는 곳에서 살면 무거운 산소통을 짊어지고 생활해야 할 거예요.

없으면 우울해지는 태양빛도 모두 몸에 좋은 것만은 아닙니다. 무시무시한 방사선이 나오니까 말이에요. 물론 방사선

은 두꺼운 대기에 반사되어 다시 우주로 날아갑니다. 하지만 대기가 없는 달에서는 방사선을 막아 주는 특수한 옷을 입지 않으면 생명을 유지할 수가 없습니다.

또한 대기의 성층권에는 오존층이 있어 우주에서 내놓는 강

과학자의 비밀노트

자외선

자외선은 색소 질환과 피부 노화를 유발하는 가장 큰 요인 중 하나이다. 자외선에 장시간 노출된 피부는 스스로를 보호하기 위해 멜라닌 색소를 만드는 데 이것이 기미와 주근깨 등의 잡티로 나타나 피부 노화는 물론, 우리의 피부를 더욱 어둡고 칙칙해 보이게 만든다.

따라서 우리는 태양의 자외선으로 인해 발생하는 피부암, 홍반, 기미, 주근깨, 검버섯 등 피부의 문제성 질병을 방어하는 역할을 하는 자외선 차단제를 바르기도 한다.

한 자외선을 흡수해 줍니다. 오존층이 자외선을 100% 막아 주는 것은 아니지만 상당한 양의 자외선을 막아 주는 오존층이 있기 때문에 우리는 지구에서 행복하게 살 수 있는 거랍니다.

그런데 요즈음 큰일이 벌어지고 있습니다. 우리 주변을 둘러보면 에어컨 없는 곳을 찾아보기가 어렵습니다. 또 젊은이들은 멋을 부리기 위해 머리에 스프레이를 마구 뿌리지요. 냉장고나 에어컨, 스프레이 등에는 냉각제로 프레온 가스가 사용되는데, 다 쓰고 난 프레온 가스는 하늘로 올라갑니다.

그런데 이 프레온 가스는 오존의 천적입니다. 왜냐하면 프레온 가스가 오존층을 파괴하기 때문입니다. 프레온 가스로 인해 오존층에 구멍이 뚫리게 되는데 이 구멍을 오존 구멍이라고 부릅니다. 이 오존 구멍을 통해 자외선이 직접 땅으로 내려오면 사람들은 피부암에 걸릴 확률이 높아집니다. 그래서 최근에는 프레온 가스 사용을 줄이려는 노력을 하고 있답니다.

지구 속은 어떻게 생겼을까요?

칼 세이건은 사과를 반으로 잘랐다.

반으로 자른 사과를 보면 사과 속을 훤히 알 수 있지요? 사과는 껍질과 과육, 씨로 되어 있습니다. 사과 껍질과 과육,

씨는 각각 성질이 다릅니다.

지구 내부도 이렇게 성질이 다른 몇 개의 층으로 나뉘어 있습니다. 다음 그림과 같이 겉에서부터 지각, 맨틀, 외핵, 내핵으로 구성되어 있습니다.

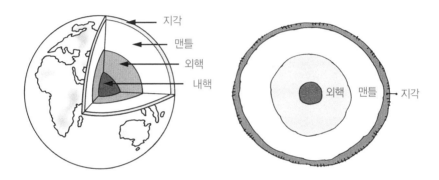

지각은 바다와 대륙이 붙어 있는 곳입니다. 지각의 아래에는 맨틀이라는 곳이 있는데 이곳에서는 대류가 일어납니다. 그러다가 지각의 약한 곳을 뚫고 나와 화산을 만들기도 하지요. 지각과 맨틀의 경계를 모호면이라고 부릅니다.

맨틀의 아래에는 철과 니켈이 액체 상태로 돌고 있는 지역이 있는데, 이곳은 외핵입니다. 전기가 잘 통하는 철과 니켈이 회전하면서 자기장을 만듭니다. 즉, 지구에 자기장이 있는 이유는 외핵이 액체 상태이기 때문입니다.

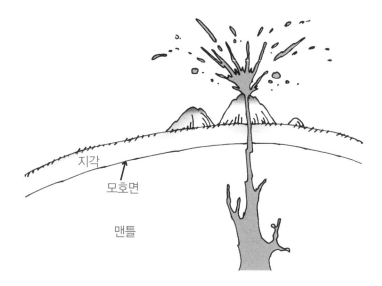

지각

모호면

맨틀

    외핵의 아래에는 다시 철과 니켈로 이루어진 압력이 높은 지역이 있는데, 이곳을 내핵이라고 부릅니다.

만화로 본문 읽기

우리가 살고 있는 지구를 지나칠 순 없죠. 이번엔 지구입니다. 지구의 나이는 46억 살이고, 반지름은 약 6,300km나 되죠.

굳이 지구까지 안 해도 되는데….

지구의 가장 위쪽을 북극, 가장 남쪽을 남극이라고 부르죠. 그리고 가운데의 적도를 중심으로 북쪽을 북반구, 남쪽을 남반구라고 해요.

한국이 북반구에 위치한다는 정도는 알고 있어요.

그럼 지구가 축복받은 행성이라는 것은 알고 있나요? 지구는 거대한 공기층인 대기가 있어서 우리가 숨을 쉴 수 있고, 우주에서 날아오는 소행성들과의 충돌을 막아주기도 하지요.

와, 대기가 그렇게 중요한 역할을 하는지는 몰랐어요.

하지만 최근 인간이 만들어 낸 이산화탄소가 많아져 온실 효과가 나타나고 있습니다. 따라서 지구의 온도가 점점 올라가고 있지요.

그거 큰일이네요. 이산화탄소의 양을 줄이기 위해 많은 노력을 해야겠군요.

아, 대기의 중요한 역할 하나를 빼먹을 뻔했네요. 대기의 성층권에는 오존층이 있어 우주에서 내놓는 강한 자외선을 흡수해 준답니다. 때문에 우리는 특별한 방열복 없이도 살 수가 있는 것이죠.

그렇군요. 그런데 전 지구의 내부가 어떤지도 궁금해요.

지구 내부는 성질이 다른 몇 개의 층으로 나뉘어져 있는데 겉에서부터 지각, 맨틀, 외핵, 내핵으로 구성되어 있습니다. 맨틀에서는 마그마가 대류를 하다 약한 곳을 뚫고 나와 화산을 만들기도 해요.

제가 살고 있는 지구인데도 몰랐던 것들이 참 많네요.

화성 이야기

화성에는 정말 외계인이 살까요?
지구와 가장 닮은 행성, 화성에 대해 알아봅시다.

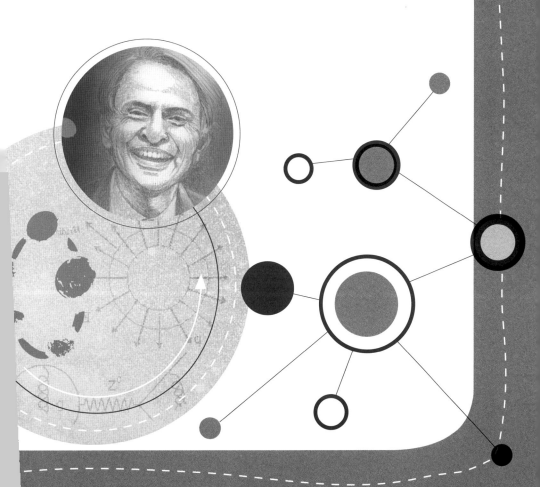

5

다섯 번째 수업
화성 이야기

칼 세이건은 지구와 가장 닮은
행성, 화성을 소개하며
다섯 번째 수업을 시작했다.

오늘은 외행성 가운데 지구와 가장 닮은 화성에 대한 얘기를 하겠습니다.

금성이 노란 행성이라면 화성은 붉은 행성입니다. 화성의 크기는 지구 지름의 절반 정도 되며, 지구와 많이 비슷한 행성입니다.

먼저, 화성의 신상 정보를 알아보기로 합시다.

지름: 지구의 0.53배

질량: 지구의 0.107배

중력: 지구에서의 1kg은 화성에서 380g

위성의 수: 2개

1년: 약 690일

하루: 약 25시간

기온: 적도 지방에서 낮에는 25℃, 밤에는 −85℃

화성의 하늘은 아주 예쁜 분홍빛입니다. 화성의 흙은 붉은
색을 띠는 산화철이 많은데 화성의 대기압이 작아 흙먼지가
하늘로 치솟기 때문입니다.

그러면 왜 흙먼지가 위로 치솟는지 알아보도록 합시다.

칼 세이건은 네모난 상자를 꺼냈다. 상자 안에는 용수철이 매달려

있고 용수철 끄트머리에는 원판이 달려 있다. 칼 세이건은 원판에
동전을 올려놓고 용수철을 압축시킨 다음 동전 위에 판 10장을 올
려놓았다.

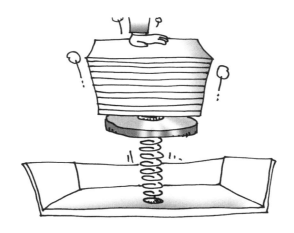

  용수철은 원래의 길이로 늘어나려고 하는데 무엇이 이런
움직임을 막고 있나요?

  __10장의 판입니다.

  이게 바로 압력의 역할이지요. 눈에 보이지는 않지만 우리
머리 위에는 공기 기둥이 있습니다. 그 공기는 우리를 내리
누르고 있는데, 그것을 기압이라고 합니다.

  지구의 흙을 동전이라고 하고, 10장의 판이 누르는 압력을
지구의 기압이라고 생각해 봅시다. 이렇게 기압이 강하면 동

전이 꼼짝 못 하게 되겠지요? 이처럼 지구의 흙들은 강한 기압 때문에 위로 솟구치지 못하는 것이랍니다.

이제 동전에 작용하는 압력을 낮춰 봅시다.

칼 세이건은 10장의 판을 들어냈다. 판을 잡고 있던 손을 놓자 동전이 위로 치솟았다.

동전이 튀어 올랐지요? 동전을 화성의 흙으로 생각해 봅시다. 화성의 기압은 지구의 $\frac{1}{100}$ 정도로 작습니다. 그렇기 때문에 흙먼지가 위로 올라가려고 하는 것을 잘 막지 못합니다. 그래서 흙먼지가 높이 올라갈 수 있지요.

화성에서 눈여겨볼 만한 것

화성에는 태양계에서 제일 큰 화산인 올림포스몬스가 있습니다. 지구에서 제일 높은 에베레스트 산의 높이가 8,848m인데 올림포스몬스의 높이는 에베레스트 산의 약 3배 정도 높습니다.

또한 화성에는 강물이 흐른 자국이 있습니다. 이것은 아주 옛날에 화성에 강이 흐르고 있었다는 것을 말해 줍니다. 화성의 강은 지구의 아마존 강보다도 훨씬 넓은 강이었습니다. 하지만 지금의 화성에는 물이 없습니다. 왜 그럴까요?

수십억 년 전의 화성은 지금보다 대기층이 두꺼워 따뜻했습니다. 그러던 것이 화성의 중력이 작아지면서 대기가 점점

에베레스트 산 　　　　 올림포스몬스

우주로 빠져나가게 되고, 그 결과 대기가 얇아졌습니다. 그래서 화성은 추워졌고, 지표면은 낮에도 기온이 영하로 내려갑니다. 따라서 화성에 있는 물은 모두 얼어 얼음이 되었습니다.

화성에도 지구의 북극처럼 얼음투성이 지역이 있는데 그곳을 극관이라고 부릅니다. 화성의 극관은 주로 이산화탄소가 언 드라이아이스로 되어 있습니다. 따라서 화성의 극관에서 스키를 탄다면 가수들이 공연할 때처럼 드라이아이스에 의해 안개가 생길 것입니다.

화성의 위성

화성은 2개의 위성을 가지고 있습니다. 하나는 지름이 약 22km인 포보스(phobos)고, 다른 하나는 지름이 12km 정도인 데이모스(Deimos)입니다. 아주 작은 위성이지요.

포보스는 마마 자국투성이의 흉측한 모양이고, 그 구멍은 운석들과 충돌해서 생긴 자국입니다. 데이모스는 감자 모양으로 생긴 위성입니다. 포보스의 화성 주위 궤도는 아주 서서히 그러나 꾸준히 화성에 가까워지고 있습니다. 따라서 언젠가는 포보스가 화성 표면에 충돌하게 될 것이라고 예측합니다. 반면에 데이모스는 충분히 멀리 떨어져 있고, 서서히 멀어지고 있습니다.

두 위성은 1877년 미국의 천문학자 홀(Asaph Hall, 1829~1907)이 발견했고, 그리스 신화에 나오는 마르스(Mars)의 두 아들의 이름을 따 이름 붙인 것입니다.

그럼 계속해서 여행을 해 볼까요? 이번에 갈 행성은 화성입니다. 화성은 지름이 지구의 0.53배, 질량은 0.107배, 중력은 0.38배이고 위성은 2개가 있으며, 1년은 약 690일이고 하루는 약 25시간이 됩니다.

1년은 690일.

화 성

하루는 25시간

화성은 대기압이 작아 흙먼지가 높이 올라갈 수 있지요. 게다가 화성의 흙은 붉은색을 띠는 산화철이어서 화성의 하늘은 아주 예쁜 분홍빛을 띤답니다.

와, 분홍빛 하늘이요? 너무 예쁠 것 같아요.

화성에는 태양계에서 제일 큰 화산인 올림포스 몬스가 있는데, 이 산은 에베레스트 산보다 3배 정도나 높답니다. 그리고 아마존 강보다도 훨씬 넓은 강이 흘렸던 자국이 있어요.

에베레스트 산

올림포스 몬스

내가 3 배는 높다고.

그럼 지금은 강이 없나요?

네, 지금의 화성에는 물이 없습니다. 그것은 화성의 중력이 작아지면서 대기가 점점 우주로 빠져나가게 되고, 기온이 내려가 물이 모두 얼음이 되어 버렸기 때문이죠.

얼음은 있다는 말씀이네요.

네, 얼음으로 된 극관이라는 지역이 있습니다. 이곳에는 얼음과 드라이아이스가 있습니다. 만약 화성의 극관에서 스키를 탄다면 가수들이 공연할 때처럼 드라이아이스에 의해 안개가 생길 것입니다.

마지막으로 화성의 2개의 위성, 포보스와 데이모스에 대해 얘기해보죠. 포보스는 운석과 충돌하여 생긴 자국으로 울퉁불퉁하고, 데이모스는 감자 모양으로 생겼죠.

후후, 생각만 해도 재미있네요.

데이모스

포보스

우리가 화성의 위성이지.

목성 이야기

목성은 태양계에서 가장 큰 행성입니다.
기체로 이루어진 행성인 목성에 대해 알아봅시다.

6

여섯 번째 수업
목성 이야기

칼 세이건은
목성과 지구의 무게를 비교하며
여섯 번째 수업을 시작했다.

오늘은 태양계에서 가장 큰 행성인 목성에 대해 얘기하겠습니다.

목성은 지구보다 318배나 무거우며, 다른 모든 행성들의 무게를 합친 것보다도 2배가 무겁습니다.

목성은 수소와 헬륨 기체로 이루어져 있습니다. 그러므로 목성의 표면은 단단한 곳이 없답니다. 목성은 깊어질수록 기체 상태에서 액체 상태로 변하지만 그 경계가 어디인지는 알 수 없습니다.

이제 목성에 대해 알아봅시다.

지름: 지구의 11배

질량: 지구의 318배

중력: 지구에서의 1kg은 목성에서 2.37kg

위성의 수: 63개(관측에 의해 위성의 개수는 더 늘어날 수 있음)

1년: 약 4,329일

하루: 약 10시간

목성의 대기는 암모니아가 약간 섞여 있고 파란 구름 사이로 갈색, 하얀색, 빨간색 등 여러 색깔의 구름들이 보여 정말 아름답습니다. 목성을 촬영하면 어둡고 밝은 줄무늬들이 목성의 가운데를 가로지르고 있는데, 이것은 서로 다른 빛깔의 구름들이 만들어 내는 무늬입니다.

목성의 남반구에는 대적점이라는 거대한 붉은 태풍이 있습니다. 이 태풍은 태양계 최대의 태풍으로 크기가 지구 2개를 나란히 놓은 것보다 큽니다. 이 태풍은 400년 전에 최초로 관측되었는데 아직도 그대로 남아 있습니다.

그런데 목성의 태풍은 왜 사라지지 않을까요?

태풍은 따뜻한 바다에서 생깁니다. 그리고 위로 올라오다가 단단한 육지와 부딪치면서 약해지고 결국은 사라지지요. 그런데 목성에는 단단한 육지가 없기 때문에 한 번 발생한 태풍은 여간해서는 사라지지 않습니다.

목성은 하루가 약 10시간 정도로 지구보다 짧습니다. 그러므로 거대한 목성은 지구보다 빠르게 회전합니다. 기체로 이루어진 행성이 빠르게 회전하기 때문에 목성은 양쪽이 불룩 튀어나온 모양을 하고 있습니다.

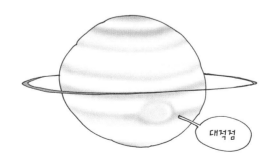

대적점

목성의 자기장

지구는 외핵의 대류에 의해 자석의 성질을 지닙니다. 이것을 지구의 자기장이라고 부르지요.

칼 세이건은 아이들에게 나침반을 보여 주었다.

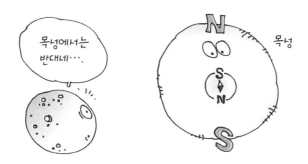

나침반의 N극은 지구의 북극을 가리킵니다. 북극의 지구 자기장인 S극이 나침반의 N극을 끌어당기기 때문이지요. 지구 속의 자석은 바로 북극이 S극이고, 남극이 N극인 것입니다.

나침반을 목성에 가지고 가면 어떻게 될까요? 놀랍게도 나침반의 N극은 목성의 남극을 가리킵니다. 이것은 목성 속에 들어 있는 자석의 방향이 지구와 반대이기 때문입니다. 즉, 목성 속의 자석은 북극이 N극이고 남극이 S극을 나타냅니다.

목성의 위성

목성은 그 거대한 크기만큼 위성도 많이 가지고 있습니다. 목성의 위성은 모두 63개입니다. 이제 목성의 위성들에 대한 이야기를 해 봅시다.

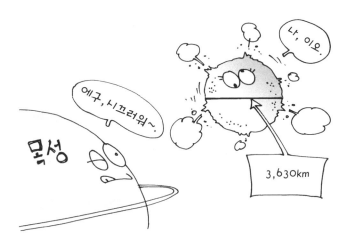

이오(Io)는 지름이 3,630km이고 태양계에서 화산 활동이 제일 심한 곳입니다. 목성에서 이오를 보면 지구에서 보는 달보다 조금 더 크게 보입니다.

유로파(Europa)는 지름이 3,138km이며 표면이 고르고 크레이터도 없는 얼음 표면을 가진 달입니다. 유로파의 표면에는 어두운 표시들이 십자형으로 나 있고 마치 금이 간 달걀 껍질과 같은 모습으로 보입니다. 유로파의 금이 간 지각 아래에 있는 얼음은 열에 의해 물로 변하는 것으로 알려져 있습니다.

가니메데(Ganymede)는 지름이 5,262km로 수성보다도 큽니다. 이 달은 태양계에서 제일 큰 위성입니다. 가니메데의 표면은 더러운 얼음과 바위들 그리고 운석 구덩이들로 뒤덮

여 있습니다.

칼리스토(Callisto)는 지름이 4,800km이고 얼음과 운석 구덩이로 뒤덮인 위성입니다. 칼리스토에는 특히 눈에 띄는 여러 개의 동심원을 가진 거대 크레이터가 2개 존재합니다. 가장 거대한 발할라 크레이터는 내부 지름이 600km이고, 주위 동심원이 1,800km까지 퍼져 있습니다. 두 번째로 큰 아스가르드는 1,600km의 동심원이 펼쳐져 있습니다.

오늘 여행지는 목성입니다. 목성은 지름이 지구의 11배, 질량은 지구의 318배, 중력은 2.37배이고 1년은 약 4,329일, 하루는 약 10시간 정도 됩니다.

1년 = 4329일
하루 = 10시간

목성

와! 이제 얘기만 들어도 정말 여행하는 기분이에요.

후후, 그래요? 목성의 대기는 암모니아가 약간 섞여 있고 파란 구름 사이로 갈색, 흰색, 빨간색 등 여러 색깔의 구름들이 보여 정말 아름답죠.

갈색

흰색

빨간색

그리고 목성의 남반구에는 대적점이라는 거대한 붉은 태풍이 있습니다. 이 태풍은 태양계 최대의 태풍으로 지구 2개를 나란히 놓은 것보다 크지요.

우와, 그렇게 큰 태풍이라니…. 상상이 안 돼요.

목성은 기체로 이루어진 행성입니다. 그래서 지구보다 빠르게 회전을 하죠. 때문에 하루가 약 10시간 정도밖에 되지 않습니다.

하루가 10시간밖에 안 된다니…. 하루하루가 정말 아쉽겠어요.

핑그르르르…

만약 목성에서 나침반으로 길을 찾는다면 고생할 거예요. 목성 속에 들어 있는 자석의 방향이 지구와 반대이기 때문입니다. 목성 속의 자석은 북극이 S극이고, 남극이 N극을 나타내기 때문이죠.

미리 알고 있지 않으면 큰일 나겠어요.

S
N

마지막으로 목성에서의 밤을 상상해 봅시다. 목성은 지금까지 발견된 위성만 해도 63개나 된답니다. 63개의 위성이 떠 있다고 생각해 보세요. 정말 정신이 없겠죠?

네, 그래도 정말 재미있어요.

달이 너무 많아

토성 이야기

토성을 물에 띄우면 뜰까요?
고리가 아름다운 행성, 토성에 대해 알아봅시다.

7

일곱 번째 수업

토성 이야기

칼 세이건이 밀짚모자를 쓰고 들어와
일곱 번째 수업을 시작했다.

아이들이 칼 세이건의 모자를 보고 키득거렸지만 칼 세이건은 미소를 지으며 수업을 시작했다.

오늘은 고리가 있어 아름다운 행성인 토성에 대한 얘기를 들려주겠습니다.

우선 토성의 신상 정보에 대해 알아보기로 해요.

태양계의 멋쟁이

지름: 지구의 9배

질량: 지구의 95배

중력: 지구에서의 1kg은 토성에서 940g

위성의 수: 60개

1년: 약 1만 753일

하루: 약 10시간 40분

토성도 목성처럼 주로 기체로 이루어진 행성입니다. 빠른 자전으로 인해 극지방이 평평하지요. 토성은 노란빛을 띤 아주 밝은 행성으로 목성만큼 선명하지는 않지만 밝고 어두운 빛깔이 평행한 줄무늬를 이루고 있습니다.

토성은 태양계의 행성 중에서 유일하게 물보다 밀도가 작은 행성입니다. 그러므로 만일 토성을 담을 수 있는 물통이 있다면 토성을 물에 띄울 수 있겠지요. 물론 다른 행성들은 모두 물에 가라앉겠지만 말이에요.

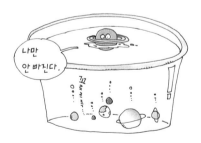

토성의 고리

토성의 고리를 처음 망원경으로 관측한 사람은 갈릴레이
(Galileo Galilei, 1564~1642)입니다. 갈릴레이는 토성의 양옆
이 불룩 튀어나온 것을 보고 토성의 귀라고 불렀는데, 그것
이 바로 토성의 고리입니다.

토성의 고리는 수십만 개의 얼음 조각들로 이루어져 있습
니다. 이들의 크기는 매우 다양하여 모래만큼 작은 것도 있
고 집채만큼 큰 것도 있지요.

토성의 고리는 1개가 아니라 여러 개입니다. 고리와 고리
사이에는 틈이 있는데 그 틈을 처음 발견한 카시니(Jean
Cassini, 1625~1712)의 이름을 따서 카시니 간극이라고 부릅
니다.

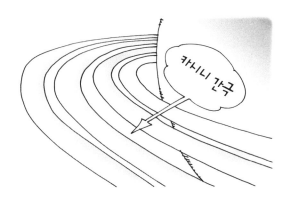

과학자의 비밀노트

카시니 – 하위헌스 호

미국항공우주국(NASA)과 유럽우주기구(ESA)가 공동으로 개발한 것으로 1997년 10월에 발사되어 2004년 7월 1일 토성 궤도에 진입한 토성 탐사선이다. 카시니-하위헌스 호는 토성 고리를 처음으로 촬영하여 지구에 전송하였고, 토성의 대기에서 번개를 관측하는 한편, 고리 주변에서 새로운 방사선대를 발견하였다. 또한 토성의 자전 주기가 약 10시간 40분이라는 사실도 밝혀냈다.

토성의 고리는 지구에서 15년마다 사라질 때가 있습니다. 정확하게 말하면 사라지는 것이 아니라 지구에서 보이지 않는 거랍니다.

칼 세이건은 밀짚모자를 벗어 약간 기울인 뒤 아이들에게 보여 주었다.

모자의 챙이 어떻게 보이죠?
__ 넓게 보입니다.
이 챙을 토성의 고리라고 생각해 봐요. 토성이 이렇게 기울어져 있으면 고리 부분이 넓게 비춰져서 잘 보이죠.

칼 세이건이 이번에는 밀짚모자를 아이들의 눈과 수평이 되게 하였다.

챙이 어떻게 보이죠?

＿거의 안 보이고 직선으로 보입니다.

그렇죠? 이렇게 챙의 두께가 너무 얇으면 먼 곳에서는 보이지 않을 것입니다. 그러니까 지구에서 볼 때 토성이 돌다가 수평으로 놓이면 고리가 잘 보이지 않게 되는데, 이런 현상은 약 15년마다 일어납니다.

토성의 위성, 타이탄

토성은 많은 위성을 가지고 있는 행성입니다. 토성이 가지고 있는 위성은 모두 60개가량 되니까요. 토성의 위성 가운데 타이탄에 대해 얘기해 보도록 하죠.

타이탄(Titan)은 토성의 위성 가운데 가장 유명합니다. 오렌지색으로 빛나는 아름다운 위성인 타이탄은 태양계의 위성 중에서 유일하게 대기를 가지고 있어요. 대기의 성분은 주로 질소와 메탄으로 이루어져 있답니다.

만일 여러분이 타이탄에 착륙해서 하늘을 본다면 매우 깜깜할 것입니다. 그것은 타이탄의 대기가 너무 두꺼워 햇빛이 보이지 않기 때문이지요.

타이탄의 표면은 악취가 나는 끈적끈적한 것들로 뒤덮여 있고 사람에게 해로운 메탄 비가 내립니다. 지구에서는 기체로 존재하는 메탄이 타이탄에서 액체의 비로 내리는 것은 타이탄이 지구에 비해 너무 춥기 때문입니다.

과학자의 비밀노트

타이탄에 대규모 호수가?

카시니-하위헌스 호가 수집한 자료에 의해, 타이탄 남극이나 북극 인근에 대규모 호수가 있을 것으로 추정해 왔다. 2008년 타이탄 남반구의 최대 호수인 온타리오 라쿠스에서 최초로 액체의 존재를 확인했으며, 북반구에서 액체의 존재를 증명한 것은 2009년이 처음이다. 이에 〈천체물리학 저널〉은 타이탄이 태양계에서 지구 외에 표면에 다량의 액체가 존재하는 유일한 천체로 추정된다고 발표했다.

고리가 있는 행성인 토성을 깜박했군요. 토성의 지름은 지구의 9배, 질량은 지구의 95배, 중력은 지구의 0.94배랍니다.

토성의 고리는 너무 아름다워요.

토성은 주로 기체로 이루어져 있고 노란빛을 띤 아주 밝은 행성으로, 목성만큼 선명하지는 않지만 밝고 어두운 빛깔이 섞여 평행한 줄무늬를 이루고 있답니다.

기체로 이루어진 게 목성이랑 같군요.

토성은 태양계의 행성 중에서 유일하게 물보다 밀도가 작은 행성이에요. 만약 토성을 담을 수 있는 물통이 있다면 토성을 물에 띄울 수 있을 거예요.

다른 행성들은 모두 물보다 밀도가 크니까 물에 가라앉겠군요.

토성의 고리를 처음 망원경으로 관측한 사람은 누구인가요?

바로 갈릴레이에요. 토성의 고리는 수십만 개의 얼음 조각들로 이루어져 있어요. 크기는 매우 다양하여 모래만큼 작은 것도 있고 집채만큼 큰 것도 있지요.

카시니 간극

토성은 많은 위성을 가지고 있는 행성이에요. 토성이 가지고 있는 위성은 60개가 넘으니까요.

정말 많네요. 토성의 위성 가운데 가장 유명한 것은 무엇인가요?

오렌지색으로 빛나는 타이탄이지요. 타이탄은 태양계의 달 중 유일하게 대기를 가지고 있어요. 만일 타이탄에서 하늘을 본다면 대기가 너무 두꺼워 햇빛이 보이지 않기 때문에 매우 깜깜할 거예요.

그렇군요.

너무 깜깜해

타이탄

천왕성, 해왕성 이야기

토성 밖에는 어떤 행성들이 있을까요?
천왕성과 해왕성에 대해 알아봅시다.

8

여덟 번째 수업

천왕성, 해왕성 이야기

칼 세이건은 토성 바깥에 있는 행성들을 알아보자며 여덟 번째 수업을 시작했다.

오늘은 토성 바깥에 있는 행성, 천왕성과 해왕성에 대한 이 야기를 하겠습니다. 이들 행성은 지구에서 너무 멀리 떨어져 있어 앞에서 다룬 다른 행성들에 비해 많은 것들이 알려져 있 지 않습니다.

우선, 천왕성에 대한 신상 정보를 봅시다.

지름: 지구의 4배

질량: 지구의 14배

중력: 지구에서의 1kg은 천왕성에서 890g

위성의 수: 27개

1년: 약 3만 685일

하루: 약 17시간

천왕성은 푸르스름한 빛을 띠며 고리를 가지고 있지요. 하지만 토성의 고리와는 달리 천왕성의 고리는 검은색입니다. 이것은 고리를 이루는 물질이 검은색을 띠는 흑연 조각이기 때문이지요.

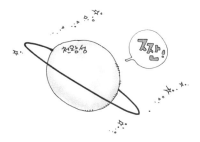

천왕성에 나침반을 가지고 가면 나침반의 N극은 적도 방향을 가리킵니다. 이것은 왜 그럴까요?

칼 세이건은 동그란 철사에 공을 끼웠다. 그리고 공을 툭 쳐서 제자리에서 빙글빙글 돌게 하자 공은 옆으로 누워 팽이처럼 돌았다. 칼세이건이 동그란 철사를 기울이자 공은 옆으로 돌면서 철사를 따라 내려갔다.

이것이 바로 천왕성의 자전과 공전입니다. 천왕성은 태양계에서 유일하게 옆으로 도는 행성이지요. 그러므로 천왕성의 남극과 북극은 다른 행성의 적도 방향을 가리킵니다. 위 실험에서 동그란 철사는 천왕성의 공전 궤도를 나타내지요.

천왕성은 어떻게 발견되었을까요?

1781년 영국의 천문학자 허셜(Friedrich Herschel, 1738~1822)은 자신이 직접 만든 망원경으로 우주를 관측하던 중 토성 바깥쪽의 행성인 천왕성을 처음으로 발견했지요.

해왕성

이번에는 해왕성에 대한 이야기를 해 봅시다. 해왕성은 천왕성보다 더 푸르게 보이지만 거의 천왕성과 비슷한 성질을 띠고 있지요.

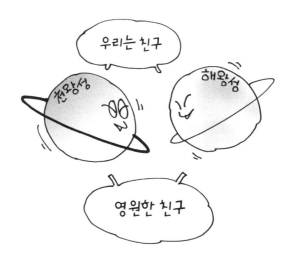

그럼 해왕성에 대해 알아보죠.

지름: 지구의 4배

질량: 지구의 17배

중력: 지구에서의 1kg은 해왕성에서 1.11kg

위성의 수: 13개

1년: 약 6만 225일

하루: 약 16시간

해왕성은 태양계에서 가장 센 바람이 부는 곳입니다. 강풍의 속력이 초속 600m에 육박하지요. 이 정도의 강풍이라면 해왕성에 로켓이 착륙하는 것은 거의 불가능한 일입니다. 강풍에 날아가 버리게 될 테니까요.

해왕성에는 다이아몬드가 많습니다. 그 이유는 간단하지요. 공기 중의 탄소가 해왕성의 높은 압력 때문에 다이아몬드로 변하는 것입니다. 그러니까 해왕성에는 다이아몬드가 하늘에서 쏟아지지요.

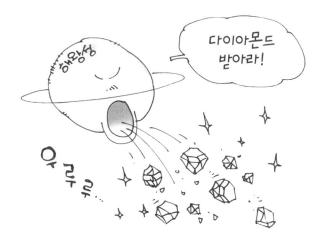

　해왕성의 위성, 트리톤(Triton)은 엷은 대기를 가지고 있습니다. 그리고 이곳은 태양계에서 제일 춥지요. 트리톤에서 제일 유명한 것은 얼음 화산입니다.

　트리톤의 화산은 질소를 분출하는데 어떤 경우는 8km 높이까지 뿜어내죠. 하지만 트리톤이 너무 차가워서 뿜어낸 질소들이 곧 얼어붙어 버립니다. 이것이 바로 얼음 화산이지요.

지구에서 너무 멀리 떨어져 있는 행성들에 대해서는 알려져 있는 것이 많이 없어요. 오늘은 토성 바깥에 있는 행성에 대한 이야기를 해 줄게요.

그럼 행성에 대해서는 마지막이겠군요?

네. 먼저 푸르스름한 빛을 띠고, 검은색 고리를 가지고 있는 천왕성이 있어요. 천왕성의 고리를 이루는 물질은 검은색을 띠는 흑연 조각이죠.

토성의 고리와는 색이 다르군요.

지름은 지구의 4배, 질량은 지구의 14배, 중력은 지구의 0.89배입니다. 1년은 약 3만 685일이고, 하루는 약 17시간이지요.

우와, 1년이 무지 기네요.

태양계 마지막 행성인 해왕성을 소개하도록 하죠. 명왕성이 2006년에 퇴출되면서 해왕성이 마지막 행성이 되었죠.

저도 신문에서 본 것 같아요.

왜소행성이니까 행성에서 빠져라.

국제천문연맹

명왕성

해왕성의 지름은 지구의 4배이고, 질량은 지구의 17배, 중력은 지구의 1.11배입니다. 해왕성은 태양계에서 가장 센 바람이 불어 로켓이 착륙하기도 힘들 정도이죠.

강풍에 로켓이 날아가 버릴 수도 있겠네요.

예고...

후~

해왕성

해왕성은 또 다이아몬드가 많기로 유명합니다. 공기 중의 탄소가 높은 압력 때문에 다이아몬드로 변하기 때문이지요.

해왕성은 그야말로 보물 행성이군요!

에헴!!

소행성과 혜성

우주의 무법자 혜성은 어떤 모습일까요?
혜성과 소행성에 대해 알아봅시다.

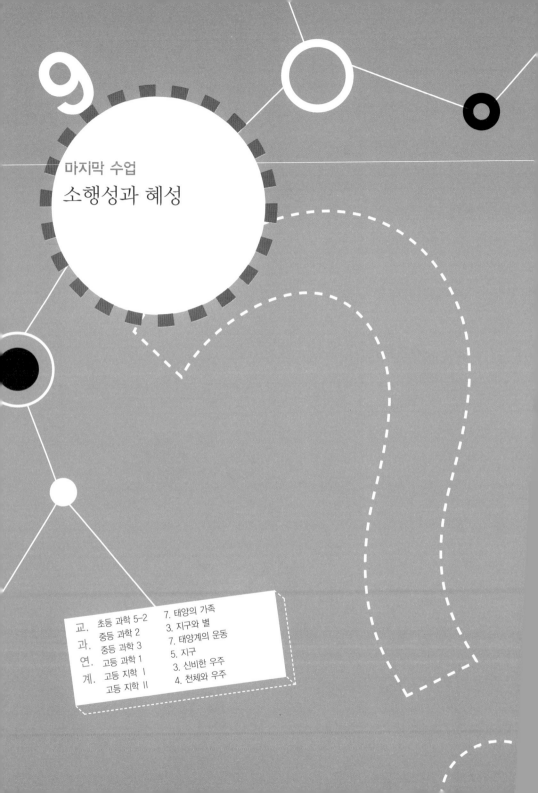

9

마지막 수업
소행성과 혜성

칼 세이건은
소행성에 대한 얘기를 꺼내며
마지막 수업을 시작했다.

소행성 이야기

오늘은 소행성과 혜성에 대한 얘기를 하겠습니다. 먼저 소행성에 대한 얘기를 해 보죠.

소행성은 행성이 되지 못한 작은 암석들입니다. 즉, 작은 행성을 말하지요. 소행성은 태양계 전체에 걸쳐 분포하지만 특히 화성과 목성 사이에 거의 대부분이 모여 있습니다. 그래서 이 지역을 소행성대라고 부릅니다.

왜 유독 이 지역에 소행성이 몰려 있을까요?

　그 이유는 원래 그곳에 하나의 행성이 만들어지려다가 목성의 중력이 아주 강하게 잡아당겼고, 갑작스럽게 큰 힘을 받자 행성으로 뭉쳐지지 못하고 조각조각 부서졌기 때문이죠. 만일 이 행성이 만들어졌다면 지구 크기의 $\frac{1}{4}$ 정도 되었겠죠.

　천문학자들은 현재까지 2만 개 이상의 소행성을 발견했습니다. 그 가운데 가장 큰 소행성은 소행성대에 있는 케레스(Ceres)입니다. 케레스는 지름이 1,000km나 되는 아주 큰 소행성이지요. 이외에도 소행성대에는 2,000여 개의 소행성들이 모여 있습니다.

　이러한 소행성의 모양은 다양합니다. 길쭉한 소시지 모양도 있고 동그란 모양도 있지요.

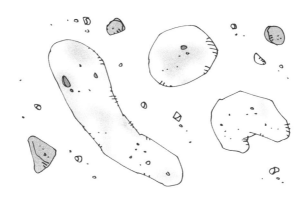

혜성 이야기

태양의 주위를 큰 곡선을 그리며 돌고 있는 혜성은 먼지와 암석이 뭉친 얼음 조각입니다.

혜성은 주로 태양계 밖에서 만들어지고, 만유인력 때문에 태양을 향해 돌진합니다. 태양에 가까워지면 혜성의 머리 부분이 녹으면서 꼬리가 만들어지고, 이때 혜성은 찬란한 빛을 내지요. 혜성의 꼬리는 먼지와 기체로 이루어져 있고, 길이가 수백 km나 됩니다.

혜성의 폭은 5km 정도입니다. 하지만 길이는 엄청나게 길지요. 행성들은 태양 주위를 반시계 방향으로 돌지만, 혜성

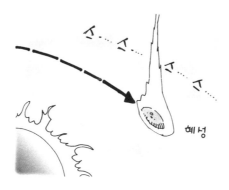

은 시계 방향으로 돈답니다.

혜성은 다시 돌아오는 데 걸리는 시간이 아주 길지요. 예를 들어 유명한 핼리 혜성은 76년마다 다시 나타납니다.

혜성의 꼬리는 항상 태양의 반대쪽을 향합니다. 이것은 혜성이 태양에 가까워졌을 때 태양풍이 가스와 먼지를 바깥으로 밀어내기 때문이지요.

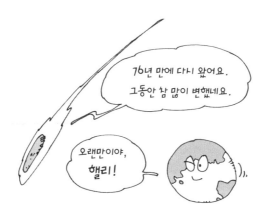

선생님, 태양계 행성 얘기는 다 하셨는데 오늘은 뭘 얘기해 주실 건가요?

오늘은 소행성과 혜성에 대해 이야기하죠. 소행성은 행성이 되지 못한 작은 암석들이에요. 즉, 작은 행성을 말하지요.

소행성은 태양계 전체에 걸쳐 분포하지만 특히 화성과 목성 사이에 대부분이 모여 있어요. 그래서 이 지역을 소행성대라고 부르지요.

왜 유독 그 지역에 소행성이 몰려 있는 것이죠?

원래 그곳에 하나의 행성이 만들어지려다가 목성의 중력을 강하게 받아 행성으로 뭉쳐지지 못하고 조각조각 부서졌기 때문이죠.

현재까지 발견된 소행성의 수는 얼마나 되나요?

2만 개 이상 되지요. 그 가운데 가장 큰 소행성은 케레스로 지름이 1,000km나 되요. 이외에도 소행성대에는 2,000여 개의 소행성들이 모여 있어요.

소행성의 모양은 다양해요. 길쭉한 소시지 모양도 있고, 동그란 모양도 있지요.

정말요? 재미있는 모양이 많네요.

태양 주위를 큰 곡선을 그리며 돌고 있는 얼음 조각을 혜성이라고 하지요?

혜성은 만유인력 때문에 태양을 향해 돌진하는데, 태양에 가까워지면 머리 부분이 녹으면서 꼬리가 만들어져요. 이때 혜성은 찬란한 빛을 내지요.

알라딘 볼과
과학 탐험대

이 글은 저자가 창작한 과학 동화입니다.

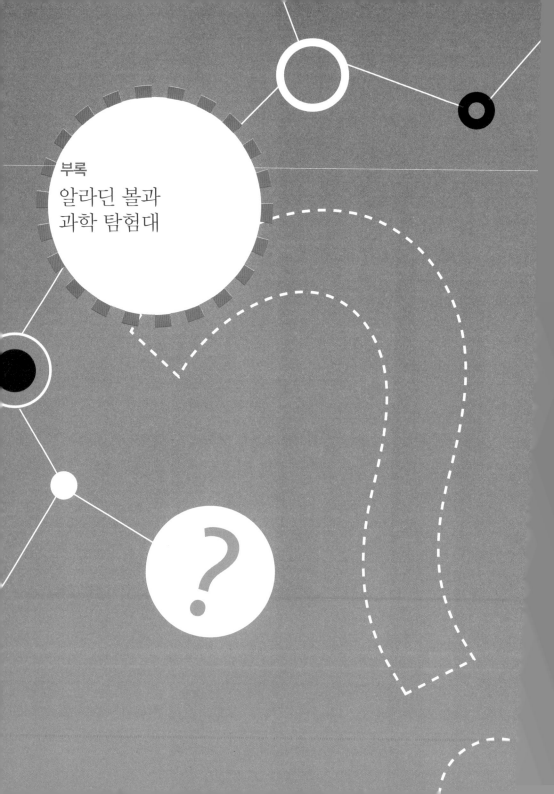

부록

알라딘 볼과
과학 탐험대

내 이름은 알라딘 볼입니다.
나는 둥그런 공 모양이랍니다.

사람들은 나를 공 인형으로 알고 있어요. 하지만 나를 단순한 공으로 생각하지 마세요. 나는 많은 기능을 가지고 있으니까요. 나의 여러 가지 기능은 차차 보게 될 거예요.

나의 주인을 소개해야겠군요. 나를 만든 과학 천재 소년 사이언을 소개합니다. 사이언은 12살 때 과학 박사가 된 천재 소년입니다. 또한 사이언은 침착하고 용감합니다.

또 1명의 친구를 소개해야겠군요. 천방지축 하니를 소개합니다. 모든 일에 덜렁대는 하니는 사이언을 좋아하는 여학생으로, 과학보다는 멋 부리는 데 관심이 더 많은 소녀입니다.

　사이언과 하니는 같은 집에서 살고 있어요. 무역업을 하는 사이언과 하니의 부모님이 다른 나라에서 일을 하기 때문이지요. 사이언과 하니는 어릴 때부터 함께 지낸 적이 많았답니다.

　얼마 전 나는 조그만 로봇 고양이 키티를 만들었어요. 이제 나와 키티가 있어 두 사람은 심심하지 않답니다.

　우리는 과학 탐험대를 결성했어요. 이제 우리는 미지의 모험과 신비의 세계로 탐험을 떠나게 될 거예요. 과학 천재 사이언, 천방지축 하니, 나, 그리고 로봇 고양이 키티와 함께 멋진 모험의 세계를 즐겨 보세요.

알라딘 볼, 비너스 천국을 구하라

사이언은 태양계 네트워크인 솔라리스에 접속했습니다. 솔라리스는 태양계의 8개의 행성이 우주를 통해 무선으로 연결된 스페이스 네트워크입니다.

화면에 '접속 중'이라는 글자가 떴습니다.

"접속자가 많은가 보군!"

사이언이 접속을 끊으려고 했습니다. 그때 '딩동' 하는 소리가 들렸습니다.

"금성에서 온 메일이다."

사이언은 메일을 열어 보았습니다.

도와주세요.

저는 금성에 있는 비너스 제국의 호메로스 왕입니다. 아시다시피 금성은 태양에서 두 번째로 가까운 행성이지요. 최근에 저희는 수성의 트로이 왕국 때문에 심한 몸살을 앓고 있습니다. 그들은 수시로 금성에 쳐들어와 닥치는 대로 부수고 비너스 왕국 사람들을 납치해 가고 있습니다. 최근에는 저의 아내인 이도너스 왕비까지도 트로이 왕국에 납치되었습니다. 트로이 왕국은 견고한 성을 가지고 있어 아직까지 태양계의 어떤 부족도 그 성을 뚫은 적이 없다고 합니다. 저희를 도와주세요.

비너스 제국의 호메로스

"모두 모여 봐."

사이언이 소리쳤습니다. 하니, 알라딘 볼이 사이언의 방으로 서둘러 달려갔습니다. 고양이 키티도 거실에 아무도 없는 것을 보고는 뒤쫓아갔습니다. 사이언이 호메로스 왕의 메일을 보여 주었습니다.

"호메로스 왕이 불쌍해."

하니가 울먹거렸습니다. 모두들 하니의 얼굴을 쳐다보았습니다.

"우리가 도와줘야겠어."

사이언이 말했습니다.

곧바로 알라딘 볼이 로켓으로 변하여 사이언과 하니, 키티를 태우고 금성으로 향했습니다.

"저길 봐, 노란 별이야!"

하니가 노랗게 빛나는 별을 보고 소리쳤습니다.

"저건 별이 아니라 금성이야. 별은 태양처럼 스스로 빛과

열을 내는 거고, 금성은 지구처럼 태양 주위를 빙글빙글 도는 행성이야."

사이언이 하니의 말을 바로잡아 주었습니다.

"착륙 준비!"

알라딘 볼의 소리였습니다. 사이언, 하니, 키티는 모두 안전띠를 맸습니다. 혹시 모를 불시착에 대비하는 것이었습니다.

알라딘 볼의 머리에서 프로펠러가 나왔습니다. 그리고 천천히 금성의 노란 뭉게구름에 가까이 다가갔습니다.

"노란 구름이 너무 예뻐! 내가 노란색을 좋아하는 걸 어떻게 알았지?"

하니는 금성의 구름이 노란 것이 마치 자신을 위해서라는 듯이 말합니다. 물론 하니의 착각이지요.

갑자기 뭔가가 유리창을 뒤덮었습니다. 아무것도 보이지 않고 알라딘 볼 안은 캄캄해졌습니다.

"어떻게 된 거지?"

사이언이 알라딘 볼에게 물었습니다.

"황산 보호막을 친 것뿐이야. 그렇지 않으면 황산에 녹아 버린다구."

"황산? 하늘에 웬 황산이 있지?"

하니가 물었습니다.

"금성의 구름은 아주 독한 황산으로 되어 있어. 그래서 알라딘 볼이 보호막을 친 거야. 그렇지 않으면 알라딘 볼이 녹아 버리거든."

사이언이 말했습니다.

"이게 뭐야?"

하니가 어둠 속에서 소리쳤습니다. 키티가 하니의 얼굴에 자기 얼굴을 부빈 것이었습니다.

"사이언, 불 좀 켜 봐!"

하니가 소리쳤습니다. 사이언은 보조 등을 켜기 위해 벽을 더듬었습니다. 갑자기 알라딘 볼이 빠르게 추락하기 시작했습니다. 모두들 알라딘 볼 안에서 둥둥 떠다녔습니다.

"사이언, 실수로 프로펠러에 황산 보호막을 안 쳤어!"

알라딘 볼이 소리쳤습니다.

"그럼 프로펠러가 녹아 버린 거잖아."

사이언이 말했습니다.

알라딘 볼은 점점 더 빠르게 추락하더니 '쿵' 소리를 내며 착륙했습니다. 모두 알라딘 볼 안에서 내동댕이쳐졌습니다.

"착륙 성공."

알라딘 볼이 말했습니다.

"이게 성공이라고?"

하니가 기분이 상한 표정으로 말했습니다. 알라딘 볼의 보호막이 사라졌습니다.

"어, 저게 뭐지?"

하니가 소리쳤습니다. 수십 장의 카드들이 눈앞에 보였던 것입니다.

"카드 위에 떨어져서 충격이 덜했군."

사이언이 말했습니다.

알라딘 볼이 입을 벌렸습니다. 키티가 제일 먼저 밖으로 나갔습니다.

"깍!"

키티의 비명 소리였습니다. 사이언과 하니는 유리창을 통

해 키티의 모습을 보고 깜짝 놀랐습니다. 키티가 카드 더미 위에서 오징어처럼 납작하게 짜부라져 있었기 때문입니다.

다시 알라딘 볼의 입이 닫혔습니다.

"나가지 마. 금성은 지구보다 기압이 95배나 더 커. 이것은 물속 1,000m 깊이에서 받는 압력과 같아. 그러니까 그대로 나가면 납작해질 수밖에 없단 말이야."

알라딘 볼이 소리쳤습니다.

"키티는 어떡하지?"

하니가 걱정스러운 목소리로 말했습니다.

"키티는 내가 고쳐 주면 돼. 우선 너희들을 큰 압력에 적응할 수 있게 해 줄게. 가압실로 들어가."

두 사람은 가압실로 들어갔습니다. 두 사람은 압력복을 입었습니다. 압력복의 엉덩이 부분에 동물 꼬리처럼 파이프가 연결되어 있었습니다.

"알라딘 볼, 이 꼬리는 뭐지?"

사이언이 물었습니다.

"기체를 주입하는 파이프야. 파이프의 끝을 가운데 있는 기체 통에 연결하고 밸브를 틀면 돼."

두 사람은 알라딘 볼이 시키는 대로 기체 통에 파이프를 연결했습니다. 밸브를 틀자 통 안의 기체가 압력복 안으로 흘

러들어 갔습니다.

"무슨 기체지?"

하니가 물었습니다.

"산소와 질소가 섞인 혼합 기체야. 이걸로 내부의 압력을 만들어 대기의 압력을 버텨 내야 해. 금성에는 산소가 없으니까 산소도 공급해 주는 거고. 그 옷은 높은 압력을 견딜 뿐 아니라 높은 온도에서도 견딜 수 있는 방열복 기능도 있어."

알라딘 볼이 말했습니다.

기체 공급이 끝난 후 두 사람은 알라딘 볼의 입을 통해 밖으로 나왔습니다. 알라딘 볼도 다시 축소되어 두 사람 옆을 굴러다녔습니다.

"우아, 카드들이 수북이 쌓여 있군. 그런데 사람의 얼굴이야. 이 남자는 아주 멋지게 생겼는걸!"

하니가 카드 1장을 만지작거리자, 카드가 앞으로 움직였습니다. 하니는 깜짝 놀라 뒤로 한 발 물러섰습니다.

"카드가 움직여!"

하니가 놀란 눈으로 카드를 쳐다보며 소리쳤습니다.

"안녕하세요, 지구에서 오신 사이언과 하니지요?"

카드에 그려진 사람의 입이 움직였습니다.

"카드가 말도 하다니……."

사이언이 놀라 소리쳤습니다. 키티를 원래대로 고친 알라
딘 볼이 굴러왔습니다.

"저는 비너스 왕국의 아킬스 왕자입니다. 저희들은 아버님
인 호메로스 왕의 명령으로 두 분을 마중하러 나왔다가 여러
분이 추락하는 것을 보고 겹겹이 쌓아 충격을 줄여 주었지요."

아킬스 왕자가 말했습니다. 그때 겹겹이 쌓여 있던 카드들
이 모두 움직였습니다. 그리고 4명씩 줄을 맞췄습니다.

"이 카드들은 누구죠?"

사이언이 물었습니다.

"비너스 제국의 국민인 카드 맨들입니다."

왕자가 대답했습니다.

"그런데 왜 모두들 납작한 모습이지요?"

"금성은 대기의 압력이 센 행성입니다. 큰 압력 때문에 우
리는 이렇게 납작한 모습으로 진화되었답니다."

"더 이상 납작해지지 않겠군."

하니가 카드 맨에 익숙해진 듯 침착하게 말했습니다.

"아프로디테 성으로 모시겠습니다. 저희 마차에 올라타세
요."

아킬스 왕자는 이렇게 얘기하고 기다란 종이 쪽으로 두 사
람을 데리고 갔습니다. 두 사람과 왕자는 기다란 종이 위에

올라탔습니다. 카드 맨들이 기다란 종이를 끌자, 기다란 종이 마차가 평평한 바닥 위를 미끄러져 갔습니다.

"정말 신기한 종이 마차야. 움직이는 자동 도로 위에 있는 기분이야."

하니가 종이 마차를 신기한 듯 바라보며 말했습니다.

땅은 평평하고 하늘에는 노란 뭉게구름이 펼쳐져 있었습니다. 키티는 알라딘 볼을 밀어 주면서 종이 마차를 따라오고 있었습니다.

종이 마차가 도착한 곳은 비너스 제국의 왕궁이었습니다. 왕은 과학 탐험대를 반가이 맞아 주었습니다.

다음 날 과학 탐험대와 아킬스 왕자가 이끄는 카드 맨들은 수성을 향해 날아갔습니다. 사이언, 하니, 키티는 알라딘 볼에 타고, 카드 맨들은 알라딘 볼을 붙잡고서요. 알라딘 볼에 긴 카드 꼬리가 생긴 셈이지요.

멀리 수성이 보였습니다.

"마마 자국투성이야."

하니가 말했습니다.

"수성은 대기가 거의 없어. 그래서 운석들하고 많이 충돌하거든. 마마 자국은 운석과의 충돌 자국이야."

사이언이 설명했습니다.

알라딘 볼이 느려지기 시작했습니다. 착륙선으로 변신했기 때문입니다. 드디어 알라딘 볼이 곰보 행성인 수성에 착륙했습니다. 사이언과 하니는 방열복을 입고 밖으로 나갔습니다. 수성이 너무 뜨겁기 때문이지요.

카드 맨들이 줄을 맞추고 있었습니다. 그때 하늘에서 거대한 운석이 떨어졌습니다.

"모두 피해!"

알라딘 볼이 소리쳤습니다.

과학 탐험대는 운석을 피해 뛰었습니다. 운석은 카드 맨들에게로 떨어졌습니다.

카드 맨들은 모두 운석에 깔려 땅속에 묻혀 버렸습니다.

"아킬스 왕자님!"

하니가 걱정스런 표정으로 왕자를 불렀습니다.

"여기 있어요."

운석 밑에서 아킬스 왕자의 목소리가 들렸습니다.

"살아 있었군요. 다행이에요."

"우린 원래 납작해서 이 정도 충격은 끄떡없어요."

아킬스 왕자가 아무렇지 않은 듯 말했습니다.

"알라딘 볼, 카드 맨들의 위치를 추적해 봐!"

사이언이 말했습니다.

알라딘 볼의 얼굴이 모니터로 변했습니다. 그리고 카드 맨들의 위치가 화면에 나타났습니다.

"운석은 동그란 공 모양이고 지름은 100m야. 그러니까 카드 맨들은 지하 100m 지점에 있어."

알라딘 볼이 말했습니다.

"어떻게 구출하지?"

사이언이 물었습니다.

"내게 맡겨."

알라딘 볼의 코가 원뿔 모양으로 변하더니 아주 빠르게 돌기 시작했습니다. 그러고는 코를 땅에 대더니 더 빠르게 회전시켰습니다. 알라딘 볼이 땅속으로 파고 들어갔습니다.

"알라딘 볼이 사라졌어."

하니가 말했습니다.

"굴착기로 변신해 들어간 거지. 모두 무사히 돌아올 거야."

사이언은 알라딘 볼의 능력을 믿고 있는 눈치였습니다. 잠시 뒤 땅에 박혔던 운석이 들썩거렸습니다.

"운석이 움직이고 있어."

하니가 놀란 목소리로 소리쳤습니다. 잠시 뒤 거대한 운석이 밀려나더니 몸집이 커진 알라딘 볼이 나타났습니다. 코는 원래대로 돌아와 있었습니다.

"알라딘 볼, 카드 맨들은?"

사이언이 물었습니다.

알라딘 볼의 입이 열리더니 카드 맨들이 쏟아져 나왔습니다. 그리고 놀랍게도 카드 맨들은 공중을 날기 시작했습니다.

"어떻게 된 거지? 금성에서는 기어다니기만 하더니……."

하니가 이상한 듯 날아다니는 카드 맨들을 쳐다보았습니다.

"여기는 기압이 낮거든. 그러니까 달에 가면 높이 뛰어오를 수 있는 것처럼 카드 맨들이 높은 데까지 쉽게 올라갈 수 있는 거야."

사이언이 말했습니다. 카드 맨들은 다시 바닥으로 내려와 줄을 맞추고 아킬스 왕자의 명령을 기다렸습니다.

"이제 적들이 살고 있는 칼로리스 성으로 가야죠?"

아킬스 왕자가 사이언에게 말했습니다.

"카드 맨들이 구겨졌어."

아킬스 왕자를 유심히 바라보던 하니가 말했습니다.

"걱정하지 마세요, 하니 아가씨. 운석과의 충돌 때문에 구겨진 거니까요."

"그럼 평생 구겨진 채로 살아야 하잖아요?"

"금성으로 돌아가면 다시 펴질 거예요."

"그건 왜죠?"

"금성은 기압이 크니까요. 그곳에서 우리는 다시 본래대로 될 수 있을 거예요."

하니는 왕자의 설명을 듣고 나서야 안심하는 표정이었습니다.

금성에서는 항상 누워 있던 카드 맨 하나가 몸을 수직으로 세웠습니다.

"카드 맨이 일어섰어."

하니가 놀라 소리쳤습니다.

"기압이 낮아서 그래. 위에서 누르는 힘이 약해지니까 몸을 세울 수 있는 거야."

사이언이 말했습니다. 아킬스 왕자를 비롯한 모든 카드 맨들이 일어섰습니다.

그때 갑자기 작은 돌멩이들이 날아왔습니다. 과학 탐험대는 카드 맨들의 뒤에 숨었습니다. 돌멩이에 맞은 카드 맨들이 도미노처럼 연속적으로 넘어졌습니다.

"머큐리 족의 공격이에요."

아킬스 왕자가 말했습니다.

잠시 뒤 머큐리 족이 우르르 몰려왔습니다. 머큐리 족의 얼굴은 공 모양에 다리는 4개이고, 코는 문어처럼 튀어나온 모습이었습니다. 돌멩이는 코에서 무서운 속도로 튀어나오고 있었습니다.

"머큐리 족은 코가 무기예요. 그들은 다리에 붙어 있는 흡착 기관으로 수성의 돌을 흡수하고 그것들을 안에서 잘게 부수어 조그만 공 모양의 돌멩이로 만들죠. 그리고 압력의 차를 이용해 코에서 돌멩이를 빠르게 쏘는 거예요."

아킬스 왕자가 말했습니다.

빠르게 날아온 돌멩이로 카드 맨들의 얼굴에 구멍이 났습니다. 하니는 부상당한 카드 맨들을 돌보았습니다.

"이대로는 안 되겠어. 우선 후퇴해야겠어."

사이언이 말했습니다. 알라딘 볼이 커졌습니다. 그리고 모두 알라딘 볼의 입속으로 들어갔습니다. 알라딘 볼의 눈, 코, 입이 사라지고 금속 공으로 변했습니다. 머큐리 족이 계속

돌멩이를 쏘았지만 금속 공으로 변한 알라딘 볼의 얼굴을 뚫을 수는 없었습니다.

알라딘 볼은 위로 솟구쳤다가 바닥에 부딪치면서 통통 튀어 도망쳤습니다. 머큐리 족은 한참을 추격하다가 돌아갔습니다. 이렇게 머큐리 족의 기습 공격을 받은 비너스 왕국의 군대는 첫 전투에서 크게 패했습니다.

알라딘 볼은 첫 전투에서 심한 부상을 입은 카드 맨들을 치료했습니다. 알라딘 볼의 코가 풀처럼 변해 찢어진 카드 맨의 얼굴을 붙여 주었던 것입니다.

알라딘 볼의 정성스런 치료로 카드 맨들은 서서히 원래 모

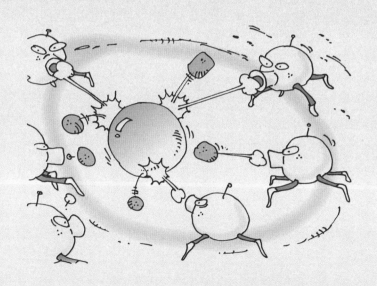

습을 되찾았습니다.

"적들이 다시 쳐들어와요."

전령병으로 나가 있던 카드 맨이 소리쳤습니다.

머큐리 족은 합체되어 커다란 문어 모양으로 변했습니다. 그러고는 입에서 아주 빠르고 큰 대포알을 쏘아 댔습니다. 과학 탐험대와 카드 맨들은 어쩔 수 없이 후퇴하기로 결정했습니다.

그때 키티를 향해 커다란 대포알이 날아왔습니다.

"키티!"

하니는 키티를 구하려고 달려갔습니다. 머큐리 족의 대포알은 하니를 향해 무서운 속도로 날아오고 있었습니다. 그 순간 카드 맨들이 하나로 겹쳐졌습니다. 겹쳐진 카드 맨들과 부딪친 대포알은 큰 충격을 주지 못하고 뒤로 튕겨 나갔습니다.

"알라딘 볼, 좋은 방법이 없을까? 정면 대결은 위험해!"

사이언이 말했습니다. 알라딘 볼은 포로로 잡아 온 머큐리 족의 코에 X선을 쪼였습니다. 알라딘 볼의 얼굴이 모니터로 변하면서 무언가 복잡한 계산을 하는 모습이 나타났습니다.

"머큐리 족을 물리칠 수 있는 방법을 알아냈어."

알라딘 볼이 말했습니다.

"뭐지?"

사이언이 물었습니다.

"화공이야."

"불로 태우자는 거야?"

"물론."

"타려면 산소가 있어야 하잖아? 수성에는 산소가 없는데."

"내가 저장해 둔 산소가 있어. 흙 속에 있는 산소를 모은 거야."

알라딘 볼은 승리를 장담하는 것 같았습니다.

"머큐리 족은 어디 있지?"

사이언이 물었습니다.

알라딘 볼의 머리 위가 열리고 조그만 퀀텀 볼이 하늘로 올라갔습니다. 퀀텀 볼은 인공위성이 되어 머큐리 족의 위치를 추적했습니다. 잠시 후 알라딘 볼의 얼굴에 머큐리 족이 모여 있는 위치가 표시되었습니다.

"칼로리스 성 밖에서 훈련을 하고 있군."

사이언이 알라딘 볼의 얼굴을 보고 중얼거렸습니다.

"알라딘 볼! 멀티플리케이션(multiplication, 똑같은 것을 여러 개 만든다는 뜻)!"

사이언의 외침이 끝나자마자 알라딘 볼의 머리가 열리고 9개의 조그만 볼들이 튀어나왔습니다. 튀어나온 볼들은 점점 커지더니 모두 알라딘 볼과 같은 모습으로 변했습니다.

과학 탐험대와 카드 맨들은 10개의 알라딘 볼에 나누어 타고 머큐리 족이 모여 있는 곳으로 굴러갔습니다. 알라딘 볼들을 발견한 머큐리 족의 코에서 돌멩이들이 정신없이 튀어나왔습니다.

10개의 알라딘 볼은 북극 쪽으로 도망갔습니다. 머큐리 족도 알라딘 볼을 추격했습니다. 하지만 알라딘 볼들이 먼저 북극에 도착할 수 있었습니다.

북극에는 많은 얼음산이 있었습니다. 알라딘 볼들은 모두 얼음산 정상에 올라갔습니다. 저 멀리 머큐리 족이 몰려오는 모습이 보였습니다.

"스키를 타면 빨리 갈 수 있겠다."

하니가 스키를 들고 밖으로 나가려고 했습니다.

"하니, 위험해!"

알라딘 볼이 소리쳤습니다.

"뭐가 위험하다는 거지?"

"여긴 그냥 얼음이 아니야. 저 얼음은 강한 산성을 띠고 있어. 스키를 타고 내려간다면 다 녹아 없어질 거야."

"산성이라면 황산이나 염산 같은 거군! 휴, 큰일 날뻔했어."

하니는 안도의 한숨을 쉬었습니다.

"머큐리 족이야!"

사이언이 소리쳤습니다. 머큐리 족이 얼음산 위를 올라오고 있었습니다.

"모든 알라딘 볼은 화공 준비!"

과학 탐험대를 태우고 있는 대장 알라딘 볼이 소리쳤습니다. 잠시 뒤 알라딘 볼 10개의 코가 총처럼 길어졌습니다.

"발사!"

대장 알라딘 볼이 소리치자 나머지 알라딘 볼의 코에서 일제히 조그만 금속 조각들이 쏟아져 나왔습니다. 금속 조각에 맞은 머큐리 족이 그 자리에서 넘어졌습니다.

10개의 알라딘 볼은 머큐리 족에게로 굴러 내려갔습니다. 그러더니 알라딘 볼의 코에서 산소가 새어 나왔습니다. 순식간에 얼음산이 불바다로 변했습니다. 여기저기에서 머큐리 족이 타 죽었습니다.

이 모습을 보던 남은 머큐리 족이 뒤로 도망쳤습니다.

"이제 우리에게 맡겨."

아킬스 왕자가 말했습니다.

그때 알라딘 볼의 입이 일제히 열렸고, 거기에서 나온 카드 맨들이 얼음산을 미끄러져 내려갔습니다.

"저걸 타면 돼."

사이언이 소리쳤습니다.

사이언, 하니, 키티는 3명의 카드 맨 위에 올라타고 도망치는 머큐리 족을 추격했습니다.

"어랏! 카드 맨은 왜 안 녹는 거지?"

하니가 궁금해했습니다.

"카드 맨은 황산 구름이 있는 금성에서 살잖아. 그러니까 산성에도 끄떡없다고."

사이언이 설명했습니다.

카드 맨들은 걸음아 나 살려라 도망치는 머큐리 족을 공격했습니다. 카드 맨의 날카로운 모서리에 부딪친 머큐리 족이

모두 쓰러졌습니다.

황산 산의 전투를 대승으로 이끈 과학 탐험대와 카드 맨들의 사기는 하늘을 찌를 듯이 높아져 왕비를 구출하기 위해 칼로리스 성을 공격하기로 했습니다.

과학 탐험대와 카드 맨들은 칼로리스 성 앞에 진을 쳤습니다. 그리고 머큐리 족이 나오기를 기다렸습니다. 하지만 머큐리 족은 칼로리스 성에서 한 발짝도 나오지 않았습니다. 군사들은 오랜 기다림에 지쳐 갔습니다.

사이언과 아킬스 왕자는 작전 회의를 했습니다.

"쟤들 별거 아니던데, 그냥 공격하죠."

아킬스 왕자가 강한 자신감을 보였습니다.

"하지만 칼로리스 성은 견고하기로 소문난 성이에요. 그리고 성벽이 너무 높아요."

사이언이 망설였습니다.

"우리 군대의 사기는 아직 최고입니다. 저 정도 성벽은 얼마든지 넘을 수 있습니다. 지금 공격하면 승산이 있습니다."

"하지만 지금은 알라딘 볼이 충전 중이에요. 충전이 다 끝나려면 며칠 기다려야 해요."

"머큐리 족쯤이라면 우리 힘으로도 충분합니다. 여기는 중력이 작아 우리가 붕붕 떠다닐 수 있으니까요."

사이언은 한참 생각하다가 말했습니다.

"좋아요. 성을 한 번 넘어 보아요."

과학 탐험대와 카드 맨들의 총공격이 이루어졌습니다. 카드 맨들이 서로를 태워 올려 성벽의 높이까지 카드 사다리를 만들었습니다.

가장 높이 올라간 카드 맨이 성벽을 넘어가려는 순간 머큐리 족이 성벽에 나타나 카드 맨을 밀었습니다. 카드 맨들이 만든 사다리가 뒤로 자빠지기 시작했습니다. 그때 머큐리 족의 코에서 먹물 폭탄이 발사되었습니다.

"아이쿠, 앞이 안 보여!"

카드 맨들은 눈에 먹물이 묻어 아무것도 보이지 않았습니다. 카드 맨들은 정신없이 도망쳤습니다. 앞이 제대로 보이지 않아 이리저리 부딪쳤습니다. 겨우 진지까지 도망쳤지만 카드 맨들은 여기저기 부상을 입은 상태였습니다. 카드 맨들의 패배였습니다.

"알라딘 볼 없이는 힘들겠소. 내가 너무 오만했던 것 같소."

아킬스 왕자가 한쪽 눈에 묻은 먹물을 닦아 내면서 말했습니다.

"너무 낙심하지 마세요. 전투란 이길 때도 있고 질 때도 있는 거니까요."

사이언이 아킬스 왕자를 달래 주었습니다.

"알라딘 볼이 깨어났어."

하니가 키티를 안고 뛰어들어 오면서 말했습니다.

"충전이 이제야 끝났나 보군."

사이언은 이렇게 말하고 알라딘 볼에게로 다가갔습니다.

"알라딘 볼, 칼로리스 성의 구조를 알고 싶어."

사이언이 말했습니다.

알라딘 볼은 퀀텀 볼을 띄워 칼로리스 성의 내부를 촬영한 사진을 보여 주었습니다.

"저렇게 높은 성벽이 세 겹으로 되어 있다니."

사이언이 화면을 보고 놀라 소리쳤습니다.

"식량이 점점 줄어들고 있어."

하니가 말했습니다.

"얼마나 남았는데?"

"일주일치뿐이야."

"일주일 안에 결판을 내야겠군. 하지만 성벽이 너무 높아 도저히 공격할 방법이 없어."

사이언이 고민에 빠졌습니다.

"사이언! 머큐리 족 보초가 교대할 때 공격할까?"

하니가 말했습니다. 머큐리 족은 성문마다 문밖에 1명씩 보초를 세웠습니다. 그러므로 보초를 교대하는 12시간마다 성문이 열리게 되어 있었습니다.

"하지만 칼로리스 성의 성문은 3개야. 만일 3개의 문이 동시에 열리지 않는다면 첫 번째 성문을 열고 들어간다 해도 아무 소용이 없어. 알라딘 볼, 칼로리스 성을 찍은 동영상을 보여 줘."

사이언이 말했습니다. 알라딘 볼의 얼굴에 칼로리스 성의 보초들이 교대하는 장면이 나타났습니다. 가장 안쪽의 보초들이 교대하고 1시간 후에 가운데 문의 보초가, 다시 1시간 뒤에 가장 바깥쪽의 보초가 교대하고 있었습니다.

"사이언, 네 말이 맞았어. 성문은 동시에 열리지 않아."

하니가 실망한 듯 말했습니다.

"철저한 놈들이군."

사이언은 머리를 감싸쥐고 생각에 잠겼습니다. 별다른 묘안이 떠오르지 않았기 때문입니다.

"첩자를 넣어 볼까?"

사이언이 큰 소리로 말했습니다.

"어떤 첩자?"

하니가 물었습니다.

"머큐리 족은 지능이 좀 떨어지잖아. 가짜 머큐리 족을 한 명 만들어 성안에 넣는 거야."

"어떻게 만들지?"

"퀀텀 볼에 4개의 다리를 붙이고 얼굴을 변장시키면 돼."

"좋은 생각 같아."

사이언은 알라딘 볼의 머리에서 나온 퀀텀 볼을 머큐리 족처럼 변장시켰습니다. 퀀텀 볼은 알라딘 볼과 연락을 취할 수 있는 무선 송수신 장치를 지닌 채 성문을 향해 걸어갔습니다.

"누구냐?"

성문 앞에서 보초를 서고 있는 머큐리 족이 퀀텀 볼에게 물었습니다.

"저는 마법사요. 왕을 만나게 해 주시오."

퀀텀 볼이 대답했습니다. 머큐리 족 보초는 갑자기 어디엔가 연락을 하더니 성문을 열어 주었습니다.

　이렇게 3개의 문을 무사히 통과한 퀀텀 볼은 트로이 왕국의 왕을 만났습니다.

　"네가 마법사라는 증거를 대라."

　왕이 말했습니다.

　"1분 후 성 위에 거대한 공이 뜰 것이오."

　퀀텀 볼이 말했습니다. 퀀텀 볼의 예언대로 1분 후 성 위에는 거대한 공이 떴습니다. 물론 이것은 알라딘 볼과 약속된 것이었습니다.

　"마법사가 맞군."

　왕은 크게 기뻐하여 퀀텀 볼에게 멋진 집과 맛있는 음식을 제공했습니다.

　다음 날 왕의 두터운 신임을 얻어낸 퀀텀 볼은 왕에게 찾아갔습니다.

　"폐하, 머큐리 족을 모두 모아 주십시오."

　"무슨 일이오?"

　"국민들에게 트로이 왕국을 위한 중대한 예언을 전해야 합니다."

　왕은 신하를 시켜 모든 머큐리 족을 성안의 원형 경기장에 모이게 했습니다.

마법사로 칭송받은 퀀텀 볼은 연단 위로 올라갔습니다.

"이제 아름다운 행성, 수성의 오랜 역사를 자랑하는 트로이 왕국에 영광이 깃들 것이오. 내일 성문 밖을 나가면 거대한 물체가 있을 것이오. 그것은 긴 코를 가지고 있으며, 두 발이 빙글빙글 도는 물체입니다. 그 물체는 트로이 제국에 커다란 희망을 줄 것입니다. 그러므로 성대하게 환영하고 성안으로 정중하게 모셔야 할 것입니다."

퀀텀 볼이 말한 거대한 물체는 알라딘 볼이 변신한 거대한 탱크였습니다. 물론 알라딘 볼과 미리 주고받은 내용이었습니다.

드디어 퀀텀 볼이 예언한 그날이 되었습니다. 이미 알라딘 볼은 거대한 알라딘 탱크로 변신한 뒤였습니다. 알라딘 탱크 안에는 과학 탐험대와 아킬스 왕자, 카드 맨들이 타고 있었습니다.

트로이 왕국의 왕은 성문 위에서 알라딘 탱크가 다가오는 것을 보고 있었습니다.

"저 물체인가?"

왕은 마법사 퀀텀 볼에게 물었습니다.

"그렇습니다."

퀀텀 볼이 정중하게 대답했습니다. 성문을 향해 다가오던 알라딘 탱크가 성문 앞에서 멈춰 섰습니다.

"과연 열어 줄까?"

하니가 탱크 안에서 속삭였습니다.

"퀀텀 볼을 믿어 봐야지."

사이언이 말했습니다. 아킬스 왕자를 비롯한 카드 맨들은 차곡차곡 포개져 한쪽 귀퉁이에서 대기하고 있었습니다.

"성문을 모두 열어라."

트로이의 왕이 말했습니다. 굳게 닫혀 있던 칼로리스 성의 3개의 문이 차례로 열렸습니다. 알라딘 탱크가 서서히 움직여 3개의 성문을 차례로 통과해 성안의 원형 경기장 한복판에 멈추었습니다.

"성안에 들어왔어."

하니가 밖을 슬쩍 엿보면서 말했습니다.

"이제 성안의 머큐리 족이 잠들 때를 노리면 되겠군."

사이언이 작게 속삭였습니다.

퀀텀 볼이 왕과 머큐리 족을 모두 광장으로 불렀습니다. 그러고는 연단으로 올라가 말했습니다.

"이제 우리 머큐리 족은 트로이 왕국의 미래를 상징하는 징표를 얻었습니다. 모두 머리를 숙이고 신성한 징표에 충성을 서약합시다."

"퀀텀 볼이 너무 오버하는 거 아니야?"

하니가 탱크 안에서 웃음을 억지로 참으면서 말했습니다.

그때 머큐리 병사가 왕에게 와서 말했습니다.

"폐하, 비너스 제국의 군사들이 모두 사라졌습니다."

"징표 덕분이군."

왕은 비너스 제국의 군대가 물러갔다는 말에 아주 만족해
했습니다.

밤이 왔습니다. 트로이 왕국의 왕은 징표를 얻은 것을 축하
하는 성대한 파티를 열었습니다.

"모두들 마음껏 마시고 먹어라."

트로이의 왕이 말했습니다. 트로이 군인들이 모두 술에 취
해 여기저기에 쓰러져 잠들었습니다.

"이제 공격하면 되겠어."

사이언은 이렇게 말하고는 카드 맨들과 함께 밖으로 나가
술에 취한 머큐리 족을 모두 물리쳤습니다. 결국 트로이 왕
국은 비너스 제국에 항복하고 비너스 제국의 왕비도 풀어 주
었습니다.

과학 탐험대의 도움으로 수성의 트로이 왕국과 금성의 비
너스 제국 사이에는 더 이상 전쟁이 벌어지지 않았습니다.

그리고 태양계는 다시 평화를 되찾았습니다.

알리딘 볼, 아레스 왕국을 구하라!

과학 탐험대는 알라딘 볼을 타고 우주 여행을 즐기고 있었습니다. 태양계의 행성들을 가까운 곳에서 관찰하기 위해서였지요. 과학 탐험대는 지금 목성을 지나치고 있습니다. 이제 화성을 거쳐 고향인 지구로 갈 예정입니다.

알라딘 볼이 목성의 위성인 이오를 지나치고 있을 때 갑자기 비상벨이 울렸습니다. 벨 소리에 놀란 사이언은 조종석으로 달려갔습니다. 하니도 키티와 함께 조종석으로 뛰어갔습니다.

"사이언, 무슨 일이지?"

하니가 물었습니다.

"저길 봐."

사이언이 가리킨 곳에는 크고 작은 많은 바위 조각들이 날아다니고 있었습니다.

"도대체 저 바위 조각은 뭐지?"

하니가 놀라서 물었습니다.

"소행성대야. 화성과 목성 사이 소행성들이 몰려 있는 곳이지. 가장 큰 소행성 케레스는 지름이 1,000km 정도이고 작은 것은 모래보다도 작아. 수천 개 정도의 소행성이 돌아다니니까 조심해야 해."

"부딪치면 박살나겠군."

"걱정하지 마! 알라딘 볼에는 거리 자동 측정 비행 장치가 있어."

"그게 뭐지?"

"주변에 질량을 가진 물체가 다가오면 그 물체와 일정한 거리 이상이 유지되게 비행하는 장치야. 그걸 가동해야겠어."

사이언은 거리 자동 측정 비행 장치를 가동했습니다. 비상벨 소리는 더 이상 들리지 않았습니다. 알라딘 볼은 전자오락을 잘하는 아이처럼 수많은 소행성들을 요리조리 빠져나갑니다.

"길쭉한 소시지 모양도 있고, 동그란 사과 모양도 있어. 모양이 여러 가지야."

하니가 신기한 듯 말했습니다.

"소행성들은 모두 태양의 주위를 돌고 있어."

"왜 소행성대가 생긴 거지?"

"화성과 목성 사이에 행성이 만들어지려다가 산산이 부서진

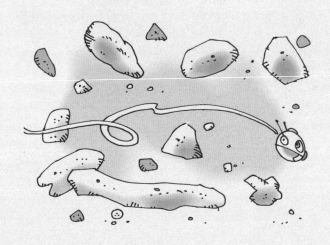

거야. 목성은 중력이 강하니까 주변에 오는 것들을 아주 강하게
잡아당기거든. 행성이 갑작스럽게 큰 힘을 받으니까 조각조각
부서진 거야."

사이언이 약간 자신 없는 표정으로 말했습니다.

"소행성이 주위를 돌다가 지구와 부딪칠 수도 있겠군."

하니는 지구가 소행성과 충돌할까 봐 걱정했습니다.

"가능한 일이야. 지구에 공룡이 사라진 이유도 소행성이 지
구와 충돌했기 때문에 생긴 일이라고들 말하거든."

사이언이 말했습니다.

"사이언, 화성의 위성인 포보스에서 전파가 잡히고 있어!"

알라딘 볼이 말했습니다. 사이언은 전파 수신실로 뛰어갔

습니다. 이상한 전파가 수신되고 있었습니다.

"알라딘 볼, 전파를 우리말로 바꿔 줘."

사이언이 말했습니다.

알라딘 볼의 얼굴에 메시지가 나타났습니다.

평화롭게 살고 있던 저희 아레스 왕국은 안드로메다 은하에서 쳐들어온 베가스 족에게 화성을 빼앗기고 포보스로 쫓겨났습니다. 저희들이 화성에서 다시 살 수 있도록 도와주세요.

아레스 왕국의 페로몬 왕

"베가스 녀석들이 화성을 빼앗게 그냥 놔둘 순 없어. 빨리 포보스로 가자."

사이언이 말했습니다. 알라딘 볼은 전속력으로 화성의 위성인 포보스로 향했습니다.

"저기 붉은 행성이 화성이야!"

사이언이 소리쳤습니다.

"포보스는?"

하니가 물었습니다.

"저기 감자처럼 생긴 모양이 데이모스라는 위성이고, 그 옆에 마마 자국투성이 모습을 한 위성이 바로 포보스야."

사이언은 이렇게 말하고 조종석으로 갔습니다. 포보스에 수동 착륙하기 위해서입니다. 잠시 뒤 알라딘 볼은 포보스에 착륙했습니다.

사이언과 하니는 알라딘 볼에서 내렸습니다. 키티가 제멋대로 돌아다니다가 깊은 구덩이로 미끄러졌습니다.

"키티!"

하니가 키티를 향해 달려갔습니다. 키티는 구덩이에서 빠져나오기 위해 허우적거리고 있었습니다.

"키티를 구해 줘, 알라딘 볼!"

하니가 다급하게 소리쳤습니다. 알라딘 볼의 코가 기다랗게 변하더니 구덩이 속까지 내려갔습니다. 키티가 알라딘 볼의 코끝에 올라탔습니다. 다시 알라딘 볼의 코가 짧아지면서 키티가 구덩이 밖으로 나왔습니다.

"알라딘 볼, 고마워."

하니가 알라딘 볼의 뺨에 키스를 해 주고 키티에게 달려갔습니다. 알라딘 볼의 얼굴이 빨개졌습니다. 키티는 다시 하니의 품 안에서 재롱을 부리고 있었습니다.

사이언은 알라딘 볼의 얼굴에 나타난 지도를 보고 페로몬 왕이 숨어 있는 곳으로 갔습니다. 깊은 구덩이가 많아 과학 탐험대는 미끄러지지 않으려고 조심스럽게 걸어갔습니다.

한참 뒤 사람들이 웅성거리는 소리가 들렸습니다. 그리 깊지 않은 커다란 구덩이 속에 녹슨 철로 만들어진 로봇들이 모여 있었습니다.

"저 로봇들이 아레스 왕국 아이들인가 봐. 근데 누가 왕이지?"

하니가 말했습니다.

"저기 몸에 제일 화려한 무늬가 그려져 있는 로봇이 왕인 것 같아. 다른 로봇들보다 위엄이 있어 보이잖아."

사이언이 말했습니다.

그때 몸에 화려한 무늬가 그려진 로봇이 과학 탐험대 쪽으로 다가왔습니다.

"당신들이 지구에서 온 과학 탐험대입니까?"

페로몬 왕이 물었습니다.

"네."

사이언이 대답했습니다.

"우리가 다시 화성에서 살 수 있도록 꼭 도와주세요."

페로몬 왕이 사이언의 두 손을 부여잡고 눈물을 흘리며 말했습니다.

"걱정하지 마세요. 저희 과학 탐험대가 해결해 드릴게요."

하니가 자신 있는 듯 말했습니다.

"고마워요."

"그런데 로봇들이 왜 이렇게 많이 녹슬었나요?"

"화성에는 철이 많아요. 그런데 녹슨 철이 대부분이에요. 우리는 녹슨 철을 이용하여 만들어진 로봇들입니다. 철로 만들어졌기 때문에 아이언 맨이라고 부르지요."

"누가 만들었죠?"

"지구의 과학자들이 화성에서 살 수 있도록 만들어 주었지요. 저는 아이언 맨들을 통치하도록 조금 덜 녹슨 철로 만들어 주었어요."

"배에 그려진 무늬는 뭐죠?"

사이언이 페로몬 왕의 배에 그려져 있는 이상한 무늬를 가리키며 말했습니다.

"화성을 나타내는 기호예요."

페로몬 왕이 설명했습니다.

과학 탐험대는 페로몬 왕에게 내일 아이언 맨들을 이끌고 화성으로 들어가겠다고 약속하고 알라딘 볼 안으로 들어갔습니다.

다음 날 아침 과학 탐험대와 아이언 맨들이 화성을 향해 날아갔습니다. 아이언 맨들은 자신들이 타고 왔던 미니 로켓에 나누어 타고 알라딘 볼의 뒤를 따랐습니다.

과학 탐험대와 아이언 맨들은 화성의 피스 평원에 착륙했습니다. 하늘은 아주 예쁜 분홍빛을 띠고 있었습니다.

"하늘이 왜 분홍색이지?"

하니가 물었습니다.

"화성의 대기는 거의 대부분 이산화탄소야. 그리고 화성 표면에는 붉은색을 띤 녹슨 철이 많거든. 녹슨 철이 많은 흙먼지가 위로 올라가 하늘이 분홍빛으로 보이는 거야."

사이언이 설명했습니다.

"왜 흙먼지가 하늘로 올라가지?"

"화성의 대기는 지구에 비해 아주 얇거든. 그러니까 대기압이 작지. 그래서 흙이 높은 곳까지 올라갈 수 있는 거야."

하니는 화성의 흙을 손으로 만져 보더니 말했습니다.

"정말 녹슨 철가루로군."

알라딘 볼의 두 눈이 길어지더니 망원경으로 변했습니다. 혹시라도 있을지 모를 베가스 족의 침입에 대비하고 있는 것입니다.

"베가스 족이 몰려온다."

알라딘 볼이 소리쳤습니다. 알라딘 볼의 얼굴에 우르르 몰려오는 베가스 족의 모습이 나타났습니다. 마치 작은 땅콩처럼 생긴 부족이었습니다.

"저 땅콩같이 생긴 게 베가스 족인가요?"

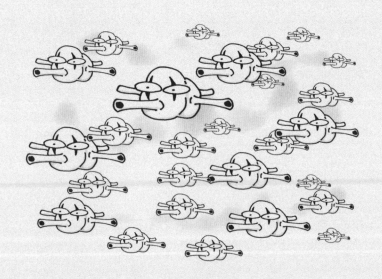

사이언이 물었습니다.

"베가스 족은 작지만 코가 사방으로 4개나 있어요. 베가스 족의 코는 바로 총이에요."

페로몬 왕이 대답했습니다.

"그럼 한 번에 4발을 쏠 수 있겠군!"

"게다가 동서남북 방향으로 쏠 수 있지요."

베가스 족이 가까이 다가왔습니다. 베가스 족의 코에서 총알들이 발사되었습니다. 과학 탐험대와 페로몬 왕은 알라딘 볼 안으로 서둘러 들어갔습니다. 아이언 맨들이 총알에 맞아 그 자리에 쓰러졌습니다.

"알라딘 볼, 어떻게 좀 해 봐! 아이언 맨들이 모두 죽을 것 같아."

사이언이 말했습니다.

알라딘 볼이 점점 부풀어 오르더니 몸이 반짝거리기 시작했습니다. 알라딘 볼이 베가스 족이 모여 있는 곳으로 다가갔습니다. 그러자 베가스 족이 알라딘 볼의 몸에 올라타기 시작했습니다.

갑자기 베가스 족의 코가 드릴로 변했습니다. 베가스 족은 드릴로 변한 코를 휘저으며 알라딘 볼의 몸체를 뚫으려고 했습니다. 알라딘 볼 안에서 화면으로 그 모습을 보던 하니가 말했습니다.

"사이언, 베가스 족이 알라딘 볼을 뚫고 있어!"

"걱정하지 마. 그렇게 쉽게 뚫릴 알라딘 볼이 아니야."

사이언은 이렇게 얘기하면서 파란 버튼을 눌렀습니다.

"울트라 로테이션(회전이라는 뜻의 'rotation')!"

알라딘 볼이 무서운 속력으로 팽이처럼 돌기 시작했습니다. 알라딘 볼에 붙어 있던 베가스 족이 저 멀리로 내동댕이쳐졌습니다.

"빙글빙글 돌기만 하는 것으로도 충분하군."

하니가 신기한 듯 말했습니다.

"빨리 돌 때는 큰 구심력이라는 힘이 있어야 해. 그런데 베가스 족과 알라딘 볼 사이에는 그리 큰 구심력이 없으니까 베가스 족이 함께 돌지 못하고 멀리 튀어 나가게 된 거야."

사이언이 설명했습니다.

알라딘 볼의 회전 공격을 당한 베가스 족이 도망치기 시작했습니다.

"추격해!"

알라딘 볼과 아이언 맨들이 도망치는 베가스 족을 뒤쫓았습니다. 베가스 족은 매리너리스라는 아주 좁은 골짜기로 피해 들어갔습니다. 골짜기는 너무 좁아 한 사람씩 통과해야

될 정도의 폭이었고, 양옆으로는 높은 절벽이 있었습니다.

"잠깐 멈춰!"

사이언이 소리쳤습니다.

"왜 추격을 멈추는 거죠?"

페로몬 왕이 물었습니다.

"조금 이상한 기분이 드는군요."

"베가스 족도 들어갔잖아요?"

"좋아요, 공격하기로 하죠."

과학 탐험대와 페로몬 왕은 알라딘 볼에서 내렸습니다. 알라딘 볼도 다시 줄어들었습니다. 골짜기로 들어가기엔 알라딘 볼이 너무 컸기 때문입니다.

선뜻 내키지는 않았지만 사이언은 아이언 맨들과 함께 골짜기 안으로 한 사람씩 들어갔습니다.

"살려 줘!"

앞서 들어간 아이언 맨들이 움직이지 못하고 제자리에 서서 외치는 비명 소리였습니다.

"쟤들이 왜 꼼짝도 못하는 거지?"

하니가 물었습니다.

사이언은 바닥에 달라붙어 있는 아이언 맨들을 떼어 보려고 했습니다. 하지만 꼼짝도 하지 않았습니다.

사이언이 바닥을 살펴보더니 말했습니다.

"베가스 족에게 당했어. 강력한 자석에 아이언 맨들이 모두 붙어버린 거야. 아이언 맨들은 철로 되어 있고 철은 자석에 잘 달라붙거든."

"어떡하지?"

하니가 아이언 맨들을 불쌍한 듯 쳐다보았습니다.

"우선 여기서 피하자. 알라딘 볼, 우릴 도와줘."

사이언이 말했습니다.

알라딘 볼이 골짜기 위로 올라갔습니다. 잠시 뒤 알라딘 볼에서 줄이 내려왔습니다. 사이언과 하니는 키티와 함께 줄을 타고 올라갔습니다.

알라딘 볼은 과학 탐험대를 절벽 위에 내려 주고 자신도 착륙했습니다.

"무슨 방법이 없을까?"

사이언이 알라딘 볼에게 물었습니다.

"반대 방향에서 더 큰 힘을 작용하면 아이언 맨들을 구할 수 있어. 그러니까 바닥의 자석보다 더 강한 힘을 위로 작용시키면 아이언 맨을 떼어 낼 수 있어."

"어떤 힘?"

"역시 자석을 이용해야겠어."

"그럼 같아지는 거 아냐?"

"바닥의 자석은 영구 자석이야. 그다지 강한 자석이 아니거든. 내게 맡겨 봐."

알라딘 볼은 이렇게 얘기하고 다시 날아올랐습니다. 알라딘 볼의 머리가 열리고 감마선 광전판이 나타났습니다. 감마선의 에너지를 이용하여 전기를 만들기 위해서입니다.

알라딘 볼에서 다시 기다란 줄이 나오더니 골짜기 아래로 내려갔습니다. 그 줄 끝에는 반짝거리는 커다란 공이 매달려 있었습니다.

"슈퍼 마그넷!"

알라딘 볼이 소리쳤습니다. 순간 아이언 맨들이 반짝거리

는 공 쪽으로 솟구쳐 올라 달라붙었습니다. 절벽 위에서 하니가 그 모습을 보고 놀란 표정을 지었습니다.

"대단한 힘이야."

"전자석은 전류를 이용해 만든 자석이야. 그러니까 전류가 강해지면 자석이 더 강해지지. 태양에서 오는 감마선은 강력한 에너지를 가진 빛이거든. 그 빛으로 강한 전류를 흐르게 해서 강한 자석을 만드는 거야."

사이언이 전자석의 원리에 대해 친절하게 설명했습니다.

매리너리스 골짜기에서 탈출한 과학 탐험대와 아이언 맨들은 베가스 족을 찾아 떠났습니다. 한참을 걸어갔더니 감자처럼 생긴 바위들이 드문드문 퍼져 있는 곳이 나타났습니다. 바위들은 대충 사람 키 정도였고, 윗면이 비교적 평평했습니다.

"이 바위는 침대로 쓰면 좋겠어."

하니가 바위 위에 털썩 누우면서 말했습니다.

"좋아. 그럼 오늘 밤은 여기서 묵도록 하자."

사이언이 말했습니다. 모두들 짐을 풀고 바위 하나씩을 골라 누웠습니다.

"난 알라딘 볼 속에 들어가서 잘 거야."

사이언이 하니에게 말했습니다.

"나는 화성 돌침대에서 잘래."

하니는 이렇게 말하고 자신이 잘 만한 바위를 골랐습니다. 키티는 하니를 쫓아가더니 그녀의 품에 안겨 잠들었습니다.

다음 날 아침 사이언은 눈을 뜨자마자 창밖을 보았습니다.
"이게 어떻게 된 거지?"
사이언이 깜짝 놀라 소리쳤습니다. 바위 위에서 잠을 청했던 하니와 아이언 맨들을 어디에서도 찾을 수 없었던 것입니다.
사이언은 서둘러 밖으로 나가 보았습니다. 커다란 바위에 조그만 편지 1장이 있었습니다. 사이언은 편지를 펼친 뒤 읽어 나갔습니다.

하하하! 사이언!
우리는 바위 속에 숨어 있었다. 너희들은 그것도 모르고 바위에서 곤히 잘 자더군.
모두를 테라리스 평원의 감옥에 가둘 것이다. 이제 포기하고 포보스로 돌아가라.
더 이상 화성을 넘보지 마라.

베가스 족의 라스 장군

"이런, 모두 붙잡혔어. 알라딘 볼, 테라리스 평원이 어디지?"

알라딘 볼의 얼굴에 지도가 나타났습니다.

"음……, 북쪽에 있군."

사이언은 알라딘 볼을 타고 테라리스 평원으로 갔습니다. 테라리스 평원은 바위 하나 없는 평지였습니다.

저 멀리 정확한 모습을 알 수 없는 구조물이 보였습니다.

"저기가 감옥인가 보다."

사이언을 태운 알라딘 볼이 구조물 가까이로 굴러갔습니다.

"아니, 저건 뭐지?"

사이언이 구조물을 보고 깜짝 놀라 소리쳤습니다.

볼링 핀 모양으로 생긴 10개의 탑 위에 하니와 아이언 맨들이 갇혀 있었습니다. 볼링 핀 모양의 탑은 높이가 약 3m가량

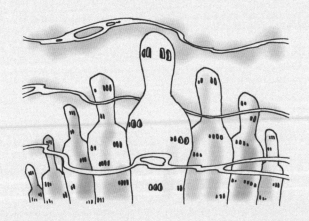

되어 보였습니다. 그리고 그 앞에는 베가스 족이 지키고 서 있었습니다.

"살려 줘, 사이언!"

하니의 목소리가 들렸습니다.

"우선 우리 친구들을 구출해야겠어. 알라딘 볼, 볼링공 변신!"

알라딘 볼이 볼링공 모양으로 변신했습니다. 사이언은 알라딘 볼을 손에 들고 볼링하듯이 10개의 탑을 향해 볼을 던졌습니다.

볼링공은 1번 구를 때마다 조금씩 커져 10개의 탑에 가까이 갔을 때는 아주 큰 볼링공으로 변했습니다. 베가스 족은 빠르게 다가오는 커다란 볼링공에 놀라 탑 사이로 도망쳤습니다.

최대로 커진 볼링공은 첫 번째와 두 번째 볼링 핀 감옥 사이로 들어갔습니다. 첫 번째와 두 번째 핀이 쓰러지면서 다른 핀들과 충돌하여 핀 10개가 모두 바닥으로 쓰러졌습니다.

"스트라이크!"

사이언이 신난다는 표정으로 소리쳤습니다. 볼링 핀 감옥 사이에 숨어 있던 베가스 족은 쓰러지는 볼링 핀에 깔려 버렸습니다. 볼링 핀이 부서지면서 하니와 아이언 맨들이 뛰어나와 베가스 족을 공격했습니다.

과학 탐험대와 아이언 맨들에게 공격당한 베가스 족은 로켓을 타고 북극 쪽으로 도망쳤습니다. 과학 탐험대를 태운 알라딘 볼도 베가스 족을 추격하며 뒤쫓았습니다. 아이언 맨들은 녹슨 철로 만든 수송기를 타고 뒤따랐습니다.

베가스 족이 탄 로켓은 화성의 북극에 있는 거대한 얼음산 정상에 착륙했습니다. 로켓에서 나온 베가스 족은 아직 산 위로 올라오지 않은 과학 탐험대와 아이언 맨들을 향해 총을 쏘았습니다. 아이언 맨들이 총에 맞아 쓰러졌습니다.

"잠깐! 일단 후퇴한 뒤 새로운 방법을 찾아야겠어."

사이언은 아이언 맨들에게 후퇴 명령을 내렸습니다.

과학 탐험대와 아이언 맨들은 얼음산이 바라보이는 평지에 진을 치고 베가스 족을 관찰했습니다.

다음 날 하니는 눈을 뜨자마자 얼음산을 바라보았습니다.

"사이언, 저길 봐."

하니는 사이언을 깨웠습니다. 얼음산에서 베가스 족이 보초를 서기 위해 스노보드를 타고 내려오고 있었습니다.

"스노보드 타는 게 뭐가 신기해서?"

사이언이 화를 냈습니다.

"그게 아니라, 저기 모락모락 피어오르는 연기는 뭐지?"

베가스 족이 스노보드를 타고 내려올 때마다 가수가 무대에서 노래 부를 때 자주 볼 수 있는 뽀얀 구름이 일어났습니다.

"가만, 저건 드라이아이스!"

사이언이 뭔가 생각난 듯 소리쳤습니다.

"알라딘 볼, 얼음산의 성분을 조사해 줘!"

사이언이 명령했습니다.

"얼음과 드라이아이스로 이루어져 있어."

알라딘 볼이 말했습니다.

"드라이아이스가 있으면 연기가 나는 거야?"

"드라이아이스는 고체 상태의 이산화탄소야. 그런데 스노보드를 타면 열이 생기거든. 그러니까 드라이아이스가 기체인 이산화탄소가 되어 연기처럼 흩어지는 거지."

"그럼 저 뽀얀 구름이 이산화탄소야?"

"이산화탄소는 눈으로 볼 수 없어. 저건 물방울들이야."

"물방울?"

"온도가 올라가니까 얼음이 녹아서 물방울이 되어 위로 올라가는 거지. 그게 바로 구름처럼 피어오르는 거야."

"하니, 좋은 생각이 났어! 이산화탄소를 이용하는 거야."

"무슨 말이지?"

"사이다 폭탄을 만들어 보자."

"사이다 폭탄?"

하니는 사이언이 무슨 말을 하는지 전혀 알아들을 수 없었습니다.

"알라딘 볼! 사이다 폭탄을 만들 수 있지?"

"물론이지."

알라딘 볼의 머리가 열리고 퀀텀 병이 튀어나왔습니다. 퀀텀 병은 사이다 병처럼 생겼습니다. 퀀텀 병이 점점 부풀어 오르기 시작했습니다. 퀀텀 병 속에는 물이 가득 차 있어 사이다 병과 비슷했습니다.

"이제 퀀텀 병에 이산화탄소만 모으면 돼."

알라딘 볼이 말했습니다.

퀀텀 병은 적의 눈을 피해 얼음산으로 올라갔습니다. 퀀텀 병은 얼음산에서 미끄러지면서 조그만 호스를 통해 이산화탄소를 병 안으로 빨아들였습니다.

이산화탄소를 모은 퀀텀 병이 다시 진지로 돌아왔습니다.

"물속에 뽀글거리는 기포가 생겼어. 이제 완전한 사이다가 되었어."

하니가 퀀텀 볼을 바라보며 말했습니다.

"총공격이야."

사이언이 소리쳤습니다. 과학 탐험대는 알라딘 볼에 타고,

아이언 맨들은 수송기에 탔습니다. 알라딘 볼의 귀가 길어지
더니 2개의 집게발로 변했습니다. 그리고 퀀텀 병을 집게발
로 꽉 잡았습니다.

퀀텀 병을 매단 알라딘 볼은 얼음산 위로 날아갔습니다. 아
이언 맨들이 탄 수송기도 그 뒤를 따랐습니다.

"울트라 로테이션!"

사이언이 소리치며 버튼을 눌렀습니다. 순간 알라딘 볼이 무
섭게 회전하면서 집게발에 매달린 퀀텀 병도 같이 돌기 시작했
습니다.

베가스 족은 얼음산 정상에서 알라딘 볼을 쳐다보고 있었
습니다. 한참을 회전하던 알라딘 볼이 베가스 족이 모여 있

는 곳으로 빠르게 낙하하더니, 집게손 하나가 병따개로 변해 퀀텀 병의 뚜껑을 열었습니다.

순간 퀀텀 병 속의 물이 베가스 족 쪽으로 아주 빠르게 튀었습니다.

"성공이야!"

사이언이 소리쳤습니다.

베가스 족은 갑자기 쏟아진 물벼락에 정신을 차리지 못하고 있었습니다. 이때 하늘에서 낙하산을 타고 내려온 아이언 맨들이 베가스 족을 산 아래로 밀어냈습니다. 베가스 족이 뽀얀 연기를 내며 얼음산 아래로 굴러떨어졌습니다.

얼음산 정상에 착륙한 과학 탐험대와 아이언 맨들은 준비해 온 스노보드를 타고 얼음산을 내려갔습니다. 알라딘 볼은 그 뒤를 데굴데굴 굴러서 내려갔습니다.

정신을 차리지 못하고 있는 베가스 족은 아이언 맨들과 과학 탐험대의 스노보드에 치이고, 무서운 속도로 굴러내려 오는 알라딘 볼에 깔려 큰 부상을 입었습니다.

사이언의 재치로 큰 승리를 거두게 된 것입니다. 사이언은 포로로 잡은 베가스 족을 밧줄로 묶어 로켓에 태운 뒤 안드로메다 은하 방향으로 날려 보냈습니다. 자동 조정 장치가 부착된 로켓이므로 이들은 자신들의 고향인 안드로메다 은하에 무사히 도착할 것입니다.

　이제 화성에는 베가스 족의 그림자조차도 찾아볼 수 없게 되었습니다. 베가스 족이 모두 떠나고 화성에는 새로운 평화가 찾아왔습니다.

우주의 생명체와 교신을 시도한
칼 세이건 Carl Edward Sagan, 1934~1996

미국에서 이민 노동자의 아들로 태어난 칼 세이건은 시카고 대학교에서 천문학과 천체 물리학을 공부하였습니다. 졸업 후 1962년에서 1963년에는 스탠퍼드 대학교 의과 대학 유전학 조교수를 지냈으며, 1963부터 1968년까지는 하버드 대학교에서 천문학 조교수로서 학생들을 가르쳤습니다. 1968년에는 코넬 대학교 천체 연구소 소장으로 취임하였고, 1975년부터는 코넬 대학교의 방사선 물리학 및 우주 연구센터의 부소장을 겸임하였습니다.

또한 칼 세이건은 미국항공우주국(NASA)에서 마리너 호, 바이킹 호, 갈릴레오 호의 행성 탐사 계획에 연구원으로 참여

하여 활동하였습니다. 그는 미확인 비행 물체(UFO)에 대한 관심도 많았고 외계 문명 탐사 계획의 후원자로도 활동하던 중, 캘리포니아에 설치된 전파 교신 장치를 통하여 우주의 생명체와 교신을 시도하기도 하였습니다. 외계의 지적 생명체를 탐사하기 위한 것이었지만 아직 외계 생명체를 확인하지는 못했습니다.

칼 세이건은 연구만으로 그치지 않고 우주에 관한 많은 책을 출판하였습니다. 천문학을 쉬운 언어로 풀어 낸《코스모스》는 그의 대표작으로, 세계 60개국에 방송된 TV 프로그램을 책으로 다시 출판한 것이기도 합니다. 그리고 외계 생물들과의 교신을 다룬 소설《콘택트》는 영화로도 만들어져 많은 사람들에게 알려졌습니다. 또 뇌과학 시대를 연《에덴의 용들》이라는 책은 퓰리처상을 받기도 하였습니다.

칼 세이건이 사망하자 미국항공우주국은 그를 기념하기 위하여 1997년 화성에 도착한 화성 탐사선 패스파인더 호의 이름을 '칼 세이건 기념 기지'로 명명하였습니다.

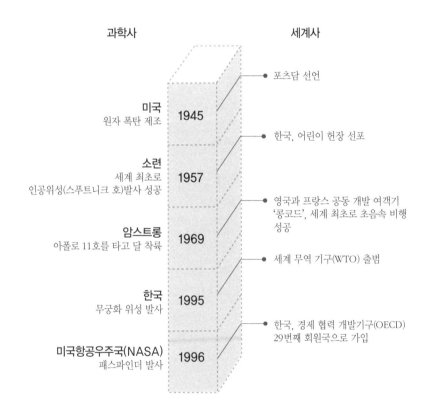

과 학 연 대 표
언제, 무슨 일이?

과학사   세계사

미국
원자 폭탄 제조   **1945**   ● 포츠담 선언

                                    ● 한국, 어린이 헌장 선포

소련
세계 최초로
인공위성(스푸트니크 호)발사 성공   **1957**

                                    ● 영국과 프랑스 공동 개발 여객기
                                        '콩코드', 세계 최초로 초음속 비행
                                        성공

암스트롱
아폴로 11호를 타고 달 착륙   **1969**

                                    ● 세계 무역 기구(WTO) 출범

한국
무궁화 위성 발사   **1995**

                                    ● 한국, 경제 협력 개발기구(OECD)
                                        29번째 회원국으로 가입

미국항공우주국(NASA)
패스파인더 발사   **1996**

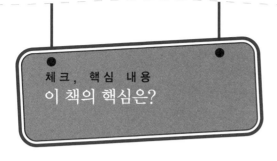

1. 태양계는 행성, 소행성, 혜성 등으로 구성되어 있는데, 이 중 행성은 ☐ 개가 있습니다.

2. 태양계 행성 중 태양에서 가장 가까운 수성에는 ☐☐☐☐ 라는 아주 거대한 분지가 있습니다.

3. 이산화탄소가 풍부한 대기에 의해서 온실 효과가 발생하며, 금성 표면의 온도를 400℃까지 높이므로 금성의 낮은 ☐☐ 의 낮보다 더 뜨겁습니다.

4. 지구를 둘러싼 거대한 공기를 ☐☐ 라고 부릅니다.

5. 목성의 남반구에는 ☐☐☐ 이라는 거대한 붉은 태풍이 있습니다.

6. 토성은 태양계의 행성 중에서 유일하게 물보다 ☐☐ 가 작은 행성입니다.

7. ☐☐ 은 태양의 주위를 큰 곡선을 그리며 돌고 있는 먼지와 암석 조각이 뭉쳐진 얼음 조각입니다.

1. 8 2. 칼로리스 3. 수성 4. 대기 5. 대적점 6. 밀도 7. 혜성

　2007년 11월 7일, 미국 샌프란시스코 주립 대학의 피셔 교수를 포함한 천문학자들은 우리 태양계와 유사한 제2의 외계 태양계를 발견했습니다.

　태양계란 태양과 같은 항성 주위를 공전하는 행성들을 모두 합친 것을 말합니다. 그러므로 이번 발견은 행성을 거느리는 항성을 찾았다는 것을 의미합니다.

　이 항성은 지구로부터 41광년 떨어져 있으며 55 캔크리라는 이름을 가지고 있는 별입니다.

　캔크리 주위의 행성이 이번에 처음 발견된 것은 아닙니다. 이번에 피셔 교수팀이 발견한 것은 캔크리 주위를 공전하는 다섯 번째 행성입니다. 피셔 교수팀은 이 행성을 찾기 위해 18년을 노력해 왔습니다.

　새로운 행성의 크기는 지구보다 45배 정도 크므로 토성과 크기가 비슷하고, 온도는 지구보다 조금 더 높을 것으로 예측하고 있습니다.

이 행성의 발견이 중요한 이유가 있습니다. 이 행성 주위를 공전하고 있을 것으로 추정되는 위성에 생명체가 존재할 가능성이 있기 때문이지요. 하지만 현재의 관측 기술로는 그 작은 위성을 탐지하는 것은 불가능해 보입니다.

하지만 여러 개의 행성을 거느리고 있는 제2태양계의 발견은 전 세계 천문학자들을 흥분하게 만들었습니다. 이 발견으로 천문학자들은 우리 태양계와 유사한 태양계가 우주에 많이 있을 것이라고 생각하고, 생명체가 사는 행성이나 위성이 존재한다고 믿고 있습니다.

찾 아 보 기

어디에 어떤 내용이?